向着光亮那方

TO THE BRIGHT SIDE

刘 同

著

目录 — Contents

第一章

恰同学少年

聪明的孩子，提着易碎的灯笼 — 2
春天睡了，种子醒着 — 25
光，打在你身后 — 35

第二章

你别无选择

扛着梯子走的人 — 52
我的傻瓜堂叔 — 72
你还记得吗 — 87
生活可以比药苦，也可以比蜜甜 — 106

我们的人生只是为了走上正轨吗 — 116

第三章

跟往事干杯

一碗西红柿鸡蛋汤 — 120

她一直在老地方 — 134

多年以后,如若相逢 — 146

你的善良,必须有点锋芒 — 158

第四章

世上最疼我的人

为了我妈,也要好好地活着 — 162

老妈和我,有时还有老爸 — 173

为什么最亲近的人反而离得最远 — 182

不要努力和别人成为好朋友 — 196

第五章

心里住着一个年轻人

你的孤独 —200

我是怎么挣到现在这些钱的 —273

从开头看到结束 —288

我们为什么要读大学 —311

第一章　恰同学少年

小时候，

楼与楼贴得紧，

现在看起来简直无法呼吸。

那时，却觉得有劲，

想要全身心地长大，

才能长到光里去。

聪明的孩子，提着易碎的灯笼

每个人都有自己固执相信的一件事，即使你知道如何获取真相，但内心却告诉你要回避。每个人或许都有过这样的"自我欺骗"，这样的"相信就好"。

在门卫室做一个登记，穿过两扇大铁门，直走五百米，眼前就是一大片平房住宅区。住宅区被纵横交错的小道分隔成一小块又一小块，从眼前正中的小道走进去，快到第二个小十字路口时，能听到一阵狗吠，然后左转，再径直走到第二个小十字路口，再右转，迎面一株很大的开着灯笼花的树，树的后面就是继承的家。

无论时间过去多久，我都记得去他家的那条路。

小学时去他家老迷路，出来时也会把自己绕晕。四年级的某一天，继承给我画了一张去他家的地图，标出了各种十字路口，在地图右下角的空白处写了一首"诗"方便我背诵：

迎面小路一直走，经过两个小路口，左转那家有条狗，不用害怕继续走，又是两个小路口，右转那家没有狗，我家就在大树后。

我念了几遍，笑得直不起腰。我问："这哪里是诗啊？"
他脖子一梗，说："我爷爷说，只要是七个字，又押韵，能把事情说清楚，就是诗。"
那时我对很多东西都没有概念，每当问出一个问题，只要有人能煞有介事地解答，在我看来都是值得信任的。继承就成了我理解这个世界最重要的桥梁之一。

小学时，我玩得好的有三个男同学。每次放学后，我们都会坐在学校操场的双杠上，四个人整整齐齐排成一排，把书包挂在上面，看着放学的同学、接送的家长，还有缓缓下沉的夕阳。等人散得差不多了，我们才各自回家。

我父母都在医院工作，工作太忙，没人来接我。
继承跟爷爷住一块儿，爷爷每天要做饭，接不了他。
另外两位同学是小土和小黄，双胞胎，父母都做生意，懒得接他们。

每次放学都是我们四个孩子一块儿走,一开始是小土小黄相依为命,然后他俩发现了继承,继承发现了我。

就像一个在海面上漂流了很久的人,终于被打捞上岸,来不及感谢,只庆幸原来这无边无际的海面上,还有几个和自己一样的人。

对我而言,在认识继承、小土、小黄之前的每次放学,都像是世界对自己的一次孤立,和他们相识之后,学校的每一次放学就成了我们对世界末日的一次成功逃离。

我人生的第一群朋友,因为落寞而相识,说起来好像挺心酸,但恰恰是因为那时我们对世界一无所知、满是疑惑,以至于我们遇见彼此之后,可以聊各种想不明白的问题,而继承努力用他的方式为我们一一解答。无论答案正确与否,好歹我们有了一个答案,所以对于未知的一切,反而比同龄人多了一些底气。

"继承,为什么每次我和同桌多说几句话,其他人就会特别大声地嘲笑我啊?"

"嗯,我爷爷说,如果你在做一件自己问心无愧的事,但是别人很不友善的话,应该是他们妒忌。"

"继承,为什么隔壁班的王铁牛那么喜欢欺负班上的同学呢?"

"因为他们班没有人敢还手,你让他来我们班试试。"

"继承,如果我考不上重点初中怎么办?"
"那就考重点高中啊。"

"继承,为什么《圣斗士星矢》里面那些圣斗士,总是打也打不死,打死了又有新的圣斗士会出来?"
"如果一下全死了,你每周还买什么漫画书?"

"继承……"
"继承……"
"继承……"

每个问题都跟他无关,甚至我们都不一定想知道答案,但每次问出来,继承总尽力给我们一个好交代,我从心底特别佩服他。

"继承,你怎么什么都知道啊?"
"因为,我有一个爷爷啊。"
"我也有爷爷,但为什么我爷爷也没教我什么东西?"
"因为我和爷爷一直住在一起,这些问题我也老问他,他都是这么回答我的。"
"啊,好羡慕你能和爷爷住在一起,那你爸妈呢?"
"……"

继承的情绪突然像被摁下了开关,上一秒将整个房间照得亮堂，这一秒突然漆黑一片人去楼空。

"我们回去吧，不早了。"说完，继承从双杠上直接跳下去，将书包顺手甩在右肩上，径直往前走。

剩下我们三个人面面相觑，小土小黄小声对我说："你不知道继承从小跟爷爷长大啊？"

"我知道……"

"那你干吗还问他父母去哪儿了？"

"我就是想知道他父母去哪儿了……"

"你是不是蠢啊？"

小土小黄也从双杠上跳下去，拿着书包去追继承，留下我一个人呆呆地站在那儿，倒不是因为自己问了一个蠢问题而自责，而是突然发现原来如继承这样什么都懂的人也有他所不知道的答案，一个连他爷爷都无法给出的答案。

那天晚上我不知道继承是怎么度过的，我一个人在阳台上站了很久，我妈问："你在干吗呢？"我说："我有一个同学没有爸妈，我在想如果你和我爸不在的话，我会怎么办？"

我妈说："你肯定特别开心。"

"……哦。"

我妈没明白我的意思，但我明白了我妈的意思。

这世界上最好的关系是两个人互相理解，其次是两个人互相不理解，最差的关系是一个理解一个不理解——我从小就明白了这个道理。这也是那么多人喋喋不休说了一通之后，对方会说"哦"的原因。

第二天上学,远远看见继承,我硬着头皮给自己穿了一身"盔甲",上去打招呼,从书包里掏出四个鸡蛋:"喏,你俩,我俩。"他伸手接过,往自己头上一磕,剥了蛋壳就吃,就像什么事情都没发生过一样。

我说:"对不起,昨天我不该问那个问题。"他说:"啊,我爷爷说,我爸妈都在忙他们的工作,等忙完了,就会回来了。"这个答案像是在说服我,也像是在说服他自己。

过了一会儿,继承又说:"虽然我也不知道他们什么时候会忙完,但每次我问这个问题,都会让爷爷心情不好,所以就强迫自己不问了。不然爷爷会觉得我和他在一起不开心。你说是吧?"

那时的继承 11 岁吧,已有了成年人的心智。

"你鸡蛋吃完了吗?"吃完两个鸡蛋的继承问我,我掏出剩下的一个给他看。"那你赶紧抄昨晚的作业吧,别吃了,这个我帮你吃得了。"继承把自己的作业本拿出来递给我。

自从我和继承成为好朋友后,每天早上我都会在进学校之前抄他的作业,他在等我的空当顺便帮我把还没吃完的早饭给吃了。

"你爷爷不给你做早饭吗?"

"我不想他起得太早,所以跟他说晚上我吃得很饱。"

"哦，这么回事。"后来，我总装出长身体很饿的样子，让我妈早上煮很多鸡蛋。

那天抄完作业，鬼使神差地，我跟他提议："继承，你有想过要找到爸爸妈妈吗？我们帮你一起去找他们吧？"

这个念头原本是他成长的草原上的一点点星火，我的提议就像是平地刮起一阵狂风，迅速让火势蔓延成一片。火光将我们的脸映得通红。他说："这个周末，你们去我家，帮我引开我爷爷，他有一个带锁的抽屉，里面好像有我爸妈的东西。"

那个星期，四个人都坐立难安，想着要干一件那么大的事，就觉得既忐忑又充满了力量。

"如果没有消息怎么办呢？"

"不会的，我爸叫继文峰，隔三岔五爷爷都能收到他的信，总是背着我不让我看到，看完之后都锁在抽屉里。"

"那你妈妈呢？"

"找到了爸爸的消息，自然就知道妈妈的消息了。"

"如果真的找到了他们的消息，你会去找他们吗？"

"……"

沉默。

花开的季节，少年无忌。

起身寻觅，却遍寻不见。

现在回想起来，10岁出头的我们也只懂得在沉睡的盛夏里，恣意地冲往想去的目的地，不计较事件的后果，甚至从未考虑过当事人的感受。

跟着继承到了他家的院子，穿过铁门，路过弯弯曲曲的小径，听见狗叫声，第一次看见灯笼花。

也是第一次见到那么热情的爷爷。他端出了米花糖，洗了各种水果，把我们当成很重要的大人，还倒了茶。我想着我们今天要来完成的任务，心里有些不好意思，总暗示小土小黄先说话。

继承给爷爷介绍了我们三个人分别是谁，爷爷乐呵呵地和我们一个一个握手，他的手掌大而有力，特别温暖。小黄看着爷爷的手发出惊叹："哇，好大的手啊。"继承得意地说爷爷年轻的时候就是因为手大，连长说拿炮弹不会脱手，所以被选去当炮兵，参加了抗美援朝战争。

"小黄，你握过的手，拿过上百颗炮弹哦。"我们仨特别羡慕地看着爷爷，完全忘记了要拖住爷爷的任务。

"爷爷，要不，你给他们讲讲你当炮兵的故事吧。说那个你怎么算出来敌人的距离有多远，你一颗炮弹把敌军的车干掉的故事。我先去上个厕所。"这种时候，还是继承的脑子好使。

我因为心思被继承牵着走，爷爷说的故事也就有一搭没一搭地听着。小黄和小土显然已经把今天来的任务忘得一干二净了，看我听故事走神，还不停提醒我："你听到了吗？爷爷可以用一个拇指就丈量出敌人有多远，好厉害。继爷爷，你可以教我们吗？"

"当然可以。"继承的爷爷也很投入，完全没有注意继承已经消失十几分钟了。

"你看啊，每个人手臂的长度是从左眼球到右眼球距离的十倍左右，你现在闭上左眼，用拇指指向你想测量的目标……看清楚了吧，现在睁开左眼，再闭上右眼，有没有发现你的手指离刚才有一个距离，然后看一看手指移动的距离……也就是所看物品的宽度，再乘以十……就是你和对方的距离，然后就可以调整炮弹射程了……你看，窗外远处是不是有一辆车，我比一下啊，手指移动了大概两辆车的宽度，一辆车大概两米，那么我们离这辆车就是四十米。懂了没？"

或许是担心继承，爷爷讲的我一点儿都没有听懂，甚至觉得比老师上课还要无聊。可小土小黄不停点头，伸出手指开始比画。我觉得他们的演技好浮夸。虽然我只听懂了继承爷爷说的四十米，但是我立刻站起来说："爷爷，我跨两步是一米，我要跨八十步才能到，我们去测试一下吧。"

爷爷跟我站起来，朝屋外走。出门前，我瞟了小土和小黄一眼，眼神里充满了鄙视，大概的意思就是——你们两兄弟真是给一块臭骨头就能跟人跑的流浪狗。

所有人演技大爆发的那天，继承看完了他爸爸给爷爷寄的信，看到了爸爸妈妈的离婚证，看到了妈妈从国外寄回来的汇款单。

事后，他特别云淡风轻地跟我们说："原来我不是在这个城市出生的，我爸和我妈原本在另外一个城市，生了我之后我妈和我爸离婚，去了国外。我爸觉得丢人，也怕我影响他的生活，想托人把我送到福利院，爷爷知道了，特别生气，把我接了回来，再也不让我爸来看我们了。"

帮继承找父母之前，我原本以为继承能得到电影《妈妈再爱我一次》那样最后全家人都能团圆的幸福结局，没想到继承的故事比电影更狗血。

以我当时的年纪，说不出任何安慰继承的话，只觉得羞愧得想立刻躲起来。如果有可能的话，我多希望时间能倒流，回到我们坐在双杠上那天，我没有问出"你怎么什么问题都知道"，这样他就不会回答"因为我有一个爷爷"，我就不会再愚蠢地提出之后的问题，然后就不会再有然后了。

"你不是问如果我找到了他们的信息，我会去找他们吗？我想了想，我不会去找他们的。早知如此，我宁愿以为父母都死了，或者，我好希望自己从来就没有被生下来。"

隔了一会儿，他又自言自语地说："我不能不被生下来，不然爷爷该怎么办。"

"是啊，我们都好羡慕你有这样一个爷爷，装了上百发炮弹，还能用拇指算距离……"这样的安慰其实根本没用，只是起到一个假装的作用,我们假装继承没事了,继承假装自己没事了;我们假装生活没有真相,有的只是自己的态度;我们假装自己忽略了,一切就自然会结束了。

后来,我们再也没提过继承父母的事。无论我们如何打闹、如何玩笑、如何逃课放学抄作业、被老师批评罚站课后擦黑板,我们总能极其自然地绕过类似于"父母""爸爸妈妈"这几个词,在我和小土小黄的心里,这些与之相关的词语就像被设了一道与现实的界限。这种界限就是少年之间的心照不宣,而这种心照不宣后来成了我们与其他人交往中最值得珍惜的一种感情。长大之后,看到一句话,大概能解释当时我们的感情——所谓了解,就是我知道你心里最深的痛处在哪里。

五年级升六年级那个暑期,继承被爷爷带回老家看一看。那个暑期是我和小土小黄过得最辛苦的一个假期,所有的暑期作业都需要自己完成,哪怕一个人完成三分之一也要绞尽脑汁。早知如此,就应该让继承先把作业做完给我们,再让他跟爷爷回老家的。

跌跌撞撞地,我们总算过完了小学最后的那个夏天。

开学第一天,继承没有来报到。第二天,也没来。第三天我们忍不住问老师继承怎么没来,老师说继承生病了,等恢复健康之后就来报到，让我们不用担心，最后还不忘教育我们要升学考试了，一定要加倍努力才行。

嗯嗯嗯嗯，确实要加倍努力才行。

一个星期，继承没来。一个月，继承还是没来。

小黄提议我们去他爷爷家看看他，我立刻拒绝了，我想如果继承身体好了肯定会来的，不来肯定是没有好，去了也是打扰。我的理由说得很坚定，小土也同意在学校等他就好。小黄悻悻然，不停嘟囔："我就是怕继承的病万一很严重……"

"别说了！不可能！等他回来！"我怕小黄说出我内心最最深处的焦虑，于是特别迅速又大声地截断了他想说的话。

小土小黄被我的语气吓到，什么都不敢再说。

一个多月过去，继承依然没来。我每天都带四个鸡蛋，吃两个饱了，再逼自己吃一个，最后一个实在吃不下，但又担心带回去被妈妈看见，第二天不给我四个鸡蛋了，于是就索性把每天剩的鸡蛋扔到学校的水沟里。扔了一个，扔了两个，扔了三个，扔了四个……

四个人，变成了三个人，虽然只是少了一个人，但好像缺了四分之三。

放学后，即使三个人走在一起也没什么话说，渐渐也不约在一起走了。即使是早起上学，我忘了写作业，也突然不想抄其他人的作业，哪怕写错了，也要自己写。

一天放学，老师让大家留下来，说有事情要宣布。

我表情木讷地看着老师，放缓了所有的心跳、表情，把所有的精力集中在耳朵上，因为我知道老师要说的事和继承有关。

"下午，继承的爷爷打来电话，说继承同学不能与我们一起读六年级了，他生了一种叫红斑狼疮的重病。这个周末，我会带几个同学去他家看他。希望他能尽快好起来。好了，放学。"

我不知道红斑狼疮是一种什么病，但老师说是重病，老师说他不能跟我们一起读六年级了。我拽上书包，疯了一样跑出教室，朝家里冲，我爸是医生，我想第一时间知道这是一种什么病。

跑回家，看到爸爸，突然我就不想问了。连我自己都没有确认的事情，为什么要问他呢？我也不想让他知道继承得了这种病。

我把自己关进爸爸放满医书的房间，他的书里有关于这种病的介绍与治疗。

红斑狼疮是一种全身性、慢性进行性、反复发作和缓解的自身免疫性疾病，会导致全身各个脏器免疫系统紊乱。

其他的话很难再看下去，我只是知道继承得了一种重病。脑子嗡的一声，全乱了。

继承知道自己生了什么病吗？

他知道这是重病吗？

这种病要花很多钱吗？

爷爷该怎么办？

合上书，眼泪啪嗒啪嗒地掉下来，如果继承在，他肯定能帮我回答这些问题，只是现在的他也许躺在家里，也许躺在医院，不知道他生病后是昏迷还是醒着，是痛还是怎样，胳膊上会不会都是针眼……如果他真的那么狼狈，他会想见我们吗？

隔天，老师问有哪些同学想去看继承，我迟迟没有举手。

我不知道自己见到他第一面，应该说什么。

当着那么多同学的面，或许我什么都说不出来。

可万一我哭了怎么办？

如果继承说不出话了，我该怎么办？

我能握着他的手给他安慰吗？

或者这一次我不跟大家一起去了，单独叫上小土小黄一起去？

可是我又怕这一次继承看不到我们会很失望。

想到这儿，我把手举起来，报名和大家一起去。

表面镇定，心里却想好了不下二十种开场的方式。

跟在老师的后面，提着班费买的水果。突然就觉得提礼品看病人是世界上最惺惺作态的事，提了水果就能表达温暖了吗?心里真正挂念一个人时,你根本就不敢迈进去;心里真正挂念一个人时,你根本就不愿意离开。

在门卫那儿做了登记,老师带着我们在住宅区转了几圈都没有找到继承家,我带着大家回到了原点,默念着继承写的那首诗,右转到了继承家门口。

门开了,爷爷开的门。看见我们,爷爷表情舒缓了一些,还是像上次一样热情,看不出异样。他回头说:"继承,老师和同学们来看你了。"

咚咚咚咚,穿着鞋跑出来的声音,然后一个人站在了我们面前。

只是我几乎认不出眼前这个人是继承了,仔细看,眼神和表情,就是继承,可他整个人胖了两圈,脸也胖了。演练的所有方式突然都用不上了,我愣住了。

继承察觉到了我的眼神,就说:"是不是觉得我特别胖啊?吃你妈煮的鸡蛋都没吃胖,最近两个月每天一把一把地吃药却吃胖了,也是没有想到哇。"

我低着头,不敢和他对视,发现他换了一双布鞋,脚似乎也比之前胖了,他漫不经心地解释:"这双鞋挺舒服的,就拿来穿了。"

他越是风趣越是无所谓,我越像是有把锁卡在喉咙。眼看就要忍不住了,我说我去看灯笼花,转身出门,跑到有灯笼花的拐角，靠在墙上就哭了起来。

哭什么也不知道，就是觉得心里憋着很多心事，哭出来心里好受点儿。

回到屋内，假装什么事都没发生，坐在一群同学和老师旁边，一句话也不说，不知道是应该谈笑风生，还是应该说出自己的担心。胖了的继承就像没事人一样跟老师聊天，跟其他同学问东问西，也许他看出了我的窘迫，也就心照不宣般地忽略了我。

告别的时候，我努力挤出一丝笑，那时的我还没学会伪装，也不知如何对最好的朋友撒谎，挤出一丝笑后，依然是沉默。

此刻的沉默不是没有话说，而是太多话想说，却不知从何说起。

继承拍拍我的肩膀："记得常来看我，不会的题我能帮你做，我在家也看书的。"爷爷也说："你要常来，继承可惦记你们几个了。"

回家后，我问爸爸："红斑狼疮这种病治得好吗？"

爸爸说："彻底治好有点儿难，一种病引起另一种病，能挺多久要看治疗的效果。为什么你问这个？"

"我的好朋友得了这种病。所以他会死吗？"我问。

爸爸不想说出那个字，愣了一会儿说："不一定。"

不一定,意味着随时会;意味着我们每见一次,都有可能是最后一次。

小土小黄因为父母的生意,六年级转学去了外地,走的时候,小土小黄什么都没有说,光知道哭,他们不敢去跟继承告别,让我去看继承的时候代为道歉,让我替他们多看看继承。

四个人,剩下三个人。三个人,只剩下一个人。人生交往的第一群朋友分崩离析,不可抗拒。

每次去见继承,我都把学校发生的所有事情讲一遍,哪怕学校食堂的猫终于生了崽,路上看见哪个男同学和女同学多说了一句话,都要转述给他。

就是一个目的——万一出事了,起码没有他不知道的事。

我把事情理解得太简单了,但我能尽力的也只有这些简单的事情了。

其实真正难办的,并不是我能跟他说什么,而是看着每一次变化的他,内心却无能为力。

我记得有一次去看他,他刚吃了一大把药,他用"肿"这个字形容自己,那一刻我知道了他的胖并不是胖,而是浮肿。

我记得有一次去看他,爷爷帮他去医院拿药了,他躺在床上,下不了床,我们隔着窗户聊天。

我记得有一次去看他,他已经穿不上布鞋了,爷爷只能把家里所有球鞋藏起来,换成大码的拖鞋。

我记得有一次去看他,医生给他扎针,因为太肿和有瘀青,扎了半个小时都找不到血管,继承把嘴唇咬破了也没有叫出声。

每一次去看继承,满怀着好转的希望,却总看见每况愈下的他。继承的照片放在他的床头,看看照片,再看看床上躺着的那个人,没有人会相信这是同一个人。然后有一天,继承让爷爷把照片收起来。

当过炮兵、会用拇指丈量出敌人距离的爷爷,紧紧抱住相框走进自己的屋子,靠在门框上狠狠地抹了抹眼泪。

多年以后听到罗大佑的《你的样子》,其中一句唱道:"聪明的孩子,提着易碎的灯笼;潇洒的你,将心事化进尘缘中。"

歌里唱的是我,也是继承。

每次告别,从他家出来,他都会趴在窗户口看我,直到我转弯不见。

后来我每次转过墙角,都会靠在墙角等几秒,再偷偷地把头探出去,看见继承依然趴在窗户上,一副失落的样子。我便用手扯扯和我一样高的灯笼花,引起他的注意,于是继承整个人立刻又亮了

起来。

再见。

再见。

我们互相挥挥手。

没想到便是诀别。

考完六年级下学期的期中考试,同学们开始写毕业纪念册,我带着自己还有其他同学的二十多本纪念册去看继承,我想如果他状态还好,就能帮每本纪念册写一句话。

敲开门,不是爷爷开的,是位三十出头的阿姨,一脸的憔悴,我说:"我找继承。"

阿姨说:"你是他同学吧?我是继承的妈妈,你稍等一会儿。"

门虚掩着,客厅椅子上还坐着一位中年男子,本是垂着头,因为我的到来,他看了我一眼,挤出一丝勉强的微笑,瞬间即逝,整个房间里弥漫着压抑。

继承妈妈拿出一本毕业纪念册,她说:"继承在睡觉,这是他让我给你的,说是给你和小土小黄的。"

我心里默念了一遍继承妈妈的话。她的意思是,因为要毕业了,继承自己准备了一本毕业册,没有让我们给他留言,而是自己写了话送给我们。

毕业册不是要自己留着吗?为什么要送给我们呢?

我脑子里瞬间闪过一丝疑惑和忧虑。

继承妈妈沉默了一会儿,现在想起,也许是在权衡是否要跟一个孩子坦承自己儿子的病情,接着,她说:"继承身体不好了,刚刚医生来过家里,他吃了药还在昏迷中,救护车一会儿就来。所以……"

话没说完,便止住了。

我俩都没说话,几秒钟的留白,却显得如此漫长。

留白是情绪是爆发,也是答案的明确。

"好的,我会告诉他们的。"我佯装镇定收下了纪念册,放进满满当当的书包里,对她笑了笑。

"阿姨再见,希望继承能尽快好起来。"

我背着书包往回走,一步一步,迈得使劲。

走到墙角处,转弯,整个人便瘫靠在墙上,从书包里拿出继承写给我们的毕业册。

他给每个人只写了简短的句子。

写给我的:希望你一切都好,对世界没有困惑。

写给小黄的:希望你一切都好,考上重点初中。

写给小土的:希望你一切都好,能遇见一个如雅典娜一样的女神。

都是我们曾问过他的那些傻问题,他把每一个都记在了心底。毕业册上每个字都是用笔画一笔一笔拼起来的,完全能想象到,因为手指浮肿握不住笔的他,如何努力地写完这几句话。

眼泪又止不住地掉下来。

别哭,别哭,他只是昏迷而已。

一切都会好的。你看,继承的父母不是都回来了吗?

倒数五声,五、四、三、二、一。大口喘气,下意识地拽住灯笼花的枝干,用力摇了摇,然后探出头去看继承家的窗户。

这回,真的没有人了。

不是一场梦。

少年的梦破碎,洒了一地沉默,还有一扇静默古朴的木色窗户。

回学校之后,我把纪念册还给同学,说继承不在家。

继承给我的毕业册我放在了书柜最里层。放毕业册的时候,我突然懂了小土小黄临走时说的那句话:"我们不敢跟他告别,请你帮我们道个歉。"有些人不敢相见,有些事不敢面对,是因为我们根本来不及做好准备。

想起过往那些美好的画面,再对比现在见到继承一次又一次的叹息,像是以友情为靶,插上了一支又一支飞镖,我怕渐渐连靶盘都看不清了,最后什么都不能留下。

若我们留不下过多的美好,我希望继承与爷爷还有父母,能在这段日子里留下最好的回忆。

而12岁的我因为害怕告别,因为害怕失去,当我把继承留给我的毕业册藏进书柜的时候,我做了一个决定——我不会再去看他了。

心里有一个小小的声音告诉自己:只要不知道继承是否

离开,在我心里他就会一直活下去。

是吗?

是吧。

年少无知的我,硬生生地在心里关上了一扇门,使出了全身的力气,轰隆隆。

此后的二十多年,我读了初中,高中,大学……假期鲜少与小学同学聚会,也没有再回过一次学校,更没打听过任何关于继承的消息。

印象中有一次,曾有人说起"继承"这两个字,我立刻起身借故打电话离开。早在12岁那年,我已经选择了相信,他会一直撑下去。

后来

"有什么事情是你一直不敢面对,现在终于能释怀了的?"朋友问了我这个问题。

想了很久,想起了在我12岁那年发生的故事,而我在成长过程中选择性地遗忘了这段不想面对的往事。

我说完这个故事之后,朋友问:"那你现在想去找他吗?"就像当年我问继承:"那你会去找你的父母吗?"

我不如当年的他有勇气,今天的我仍被同样的问题困惑着。谁说时间一定会给出答案,时间只教会一个人伪装,把最重要的事情变得一般重要,把一般重要的事情变得不那么重要。

今天的我依然在害怕，我怕问起了，知道他走了，会后悔最后没有去看他；我怕问起了，他还在，我没有脸去解释为什么那一年会不辞而别。

告别是最难学会的事。看《少年派的奇幻漂流》的时候，有一句台词：人生就是不断地放下，但最遗憾的是我们来不及好好告别。

其实，好的告别，是因为还能再见。不能或不想再见的，都来不及，或不愿意多说一句再见。

继承对12岁的我而言，是来不及准备，又不愿意真正告别的那个人。所以我用一个少年执拗的方式，让他按照我的方式活着。

我会一直记得他，以及那条去往他家的路：迎面小路一直走，经过两个小路口，左转那家有条狗，不用害怕继续走，又是两个小路口，右转那家没有狗，我家就在大树后。

春天睡了,种子醒着

因为他,我才知道一个人即使没有办法继续学业,也还有另外的出路。每次遇见有人自怨自艾,我都会想起豆芽,他面对未知的期望,身处困境的洒脱。看看他的故事,想想自己的人生。

12岁,我和豆芽因初中同班而相遇,又因为成绩总排在后几名而成为朋友。说来也怪,成绩差的人从不喜欢看自己的试卷,也不计较多少分,可我们俩却跟二百五似的喜欢攀比。

"你看我48分,比你高两分。"

"你才51分,哈哈哈,我58分。"

老师对于我们这种奇怪的好胜心感到不可思议,当着全班的面叫我们起立,大声地呵斥:"你们俩比来比去好意思吗？一个倒数第四，一个倒数第五。你们的人生有目标吗？"

豆芽大声地说："有的，老师。我的目标就是比他好就行了。"他严肃地指着我，全班同学哄堂大笑。

我们俩都戴一副厚厚的眼镜，有时他的眼镜摔坏了，就会直接抢我的眼镜戴，也不顾度数不一致，一戴就是一天，直到头昏眼花还眼镜给我的时候才骂一句："什么破眼镜！"

"怎么你爸妈不给你配一副新的呢？"

"要你管！"

老师为了照顾我们的视力，把我们安排在第一排，后来发现我们上课从来不看黑板，就一点点慢慢地调整座位。直到有一天，豆芽突然问我："我们俩什么时候坐到最后一排来了？"我一愣，说："对哦，我们怎么到最后一排来了？"

我等着他爆发之后"趁火打劫"一把，要求老师把我们调回去。谁知他骂了一句脏话后什么也不说了。

"你难道不想坐前面吗？"

"坐什么坐，坐前面难道就会超级赛亚人变身啊？"

抱怨还没超过半天，我们就发现了坐在最后一排的好处，可以随时偷偷从后门溜出教室，一开始老师还会大发雷霆，后来发现我俩也不影响其他同学，也就把我们列入了视觉盲区。

开家长会的时候，我俩的家长总是同时缺席。

豆芽问，你爸妈呢？我说我爸妈都在医院工作，特别忙，昨天刚到一批严重烧伤的病人。

我问，你爸妈呢？他说他爸妈都在经商，昨天刚到了一批特别稀缺的货。

这么一对话，他就对我父母充满了敬仰，我也对他父母充满了好奇。

中午放学，我决定跟豆芽去他家看看。他家住在市郊，要走很长一段山路，再从田野中穿过。那时关于有人诱骗小孩取眼角膜的流言传得沸沸扬扬，我提心吊胆地问他："你不会把我骗到一个地方，把我的器官卖了吧？"

他说："放心吧，我们这样的眼角膜都不合适，他们不要视力太差的。"

豆芽家住的是平房，三间房连在一起，只有一个院门。从围墙外面看，三间房以及整个院子都用黑油布盖得严严实实，比我爸的手术室还吓人。我站在门口不敢进去，豆芽大喊一声："妈，我同学来啦。"

然后就看见豆芽的妈妈，穿着塑料围裙红光满面地站在门口，用一口乡音极重的普通话欢迎我。"快进来，快进来，豆芽说你是他最好的朋友。"

我跨过门槛，被眼前的景象震惊了：院子里放了几十个大铁盘，里面种满了豆芽。

"你不是说你家是经商的吗？"

"是啊，卖豆芽的啊。"

"你不是说你家都是卖很稀缺的货吗?!"

"这一批货很好啊,好豆芽本来就稀缺啊。"

"卖豆芽是经商吗???"

"你瞧不起卖豆芽的哦。"

"……"

豆芽父母生了三个小孩,因为豆芽的外公外婆不同意他父母的婚事,所以豆芽的父母带着三个小孩从农村逃出来,在我们这个小城市的边缘安身,靠卖豆芽为生。

豆芽妈妈一边招呼我坐下,一边问豆芽:"你下午能不能请假啊?下午我和你爸要把这些都弄到市场去。"

豆芽求救般看着我,我连忙说:"下午要考试,不能请假吧。"

豆芽妈妈说:"考什么试嘛,反正成绩也不好,考了也没用。"

也许是当着我这么一个外人的面被妈妈批评,豆芽面子上挂不住,有点儿生气:"谁说我成绩不好,我比刘同好。你问他。"

豆芽妈妈看着我,我看着豆芽,支支吾吾地说:"是的,豆芽成绩比我好,每次都比我高很多分。"

豆芽妈妈说:"能算数就行了,学习再好有什么用,还不是要回来卖豆芽,我和他爸忙不过来啊。"

离开的时候,豆芽妈妈让他给我装一些豆芽回家,豆芽拿起袋子就装,他妈立刻朝他后脑勺用力拍了一下:"让你好好学你就不学，这些豆芽都是放了增大剂和漂白剂的，你要拿屋子里面的啊！"

豆芽很尴尬地笑了笑，我也是第一次听说还有增大剂和漂白剂这种东西。豆芽轻声说："就是让豆芽变得又壮又白的那种东西。"

从他家出来，我问豆芽："如果你考不上大学的话，是不是也要回来卖豆芽啊？"他摸了摸自己被妈妈重重拍过的后脑勺，给了我一个莫名其妙的答案："考上大学也许也要回来卖豆芽吧？""为什么啊？""我爸妈都不让我读书了啊，希望我初中毕业之后就回来帮他们，我还有弟弟妹妹要读书。"

"哦。"

"哦。"

一路上，我们俩都没有再聊天。等到他把我送上大路打算回去的时候，我突然问："反正你也不打算读书了，那你干吗还那么在意要比我分数高啊？"他想都没想，脱口而出："比你高，是我觉得唯一有意义的事情啊。"

我好像突然明白了，为什么他的眼镜坏了，家里人从来不会及时给他更换；为什么他的家长从来不参加家长会。我是因为害怕叫父母，而豆芽父母是根本不打算让他读书了。

我好像也突然明白了，为什么他从来没有想过要考大学，他未来的生活早已经被束缚在了那片一百多平方米的天地里。

左手牵着弟弟，右手抱着妹妹，13岁的豆芽，在我面前像个大人。因为断了对未来的念想,所以沉稳得像个大人:没有企盼的热情,也没有抗拒的怒火。

那天之后,我和他就好像什么事都没有发生过一样,该笑笑,该闹闹,可我一直在想应该怎样和豆芽聊聊,只是初中的我尚且不知道如何突破自己的迷茫,哪有能力去拯救别人的命运。我就希望有一天,当我能像大人一样说话的时候,我一定要好好跟豆芽谈谈,他那样的顺从,就是不对。

可是还没等到我长成大人,豆芽就退学了。原因是豆芽的爸爸在市场上卖豆芽被收保护费的人打了,伤得很严重,凶手又逃了,他爸爸卧病在床,没法再维持这个家了。

豆芽离开的那天,把所有的东西都收拾好,又打开书包把他最爱惜的一支笔递给我。

"这是我用压岁钱买的钢笔,好用,反正以后我也用不到了,就用来报答你借我那么多次眼镜吧,虽然每次都很头晕。以前我的成绩总是比你好,我走了之后,没有人再压着你了,要好好念书,超过别人,不要丢脸啊。"

"……你以后肯定还有机会读书的,千万不要放弃啊。"我嗫嚅地说出这句话。

"哈哈哈,你是蠢货吗?!我终于可以不用上课了,我才不要再读书呢。你把我那份一起读完吧。我走喽,就不和别人告别了。"

他潇洒地转身,头也不回。

我看着他的背影,很难过。

不是因为我只剩一个人了,而是他只剩一个人了。

后来,我跟我妈去市场买菜的时候,与他偶有相遇,可惜的是我们聊不了几句他就要忙着招呼客人。我妈夸他脑子很灵、嘴很甜,不读书可惜了。每当这个时候,豆芽就会笑起来,说自己不是读书的料,卖豆芽其实也挺好。我总是很尴尬地站在旁边,希望妈妈赶紧带我走。

后来,我也会偷偷地跑到菜市场远远地看看他,想打招呼,又不敢。有时没客人,就看见豆芽一个人坐在凳子上,呆呆地看着远方,也不知道心里在想什么。

我不敢靠近。

生活把我们拉得越来越远,靠近反而成了一种俯视。

再后来,妈妈带我去买菜,我说不如换一个菜市场吧。

我不想看到豆芽。

其实是不想让豆芽看到我。

后来,我考上了高中,想了想,绕道走到菜市场把这个消息告诉了他。

豆芽的眼睛突然就亮了起来。

那一刻,我知道,其实我们还是初中的同桌,即便他转身也从未走远。

豆芽请我到路边摊喝了几瓶啤酒。聊到他的生活、家里的生意：他爸爸身体恢复得越来越好，打爸爸的凶手抓到了，也赔了钱给他家；弟弟妹妹读书了，成绩都比他好；他现在已经不在豆芽里放化学药剂了，他有了很多回头客，来了两次之后，他就会告知实情，大家因此更信任他了，现在整个市场，他的豆芽卖得最好。说到这些的时候，他很骄傲，我也觉得很骄傲。

告别时的最后一杯酒，他有点儿上头，不知是因醉了眼睛有血丝，还是真的动了情，他说："你能考上高中真了不起，如果你能考上大学的话，我就显得更有面子了。带着我的那一份，好好读哦。"

这一次，我不尴尬了。那就带着他的那一份，好好地读。

三年后，我真的考上了大学，初中同学聚会为我庆祝，豆芽也来了。他特别开心，手一直搭在我的肩膀上，就好像他从未离开一样，也好像是自己考上了一样。豆芽抢着买单，抢着请大家去KTV唱下半场。

他看着我说："真好，原来你那么棒。"

我看着他说："嗯，你也挺棒的，现在都成老板了。"

哈哈哈。我们俩都很开心。

经过曾以为不会再见的分岔路口，两个人还能遇见，就代表永远不会走远。

告别的时候，豆芽喝得有点儿晕了，拍着我的肩膀说："你真的好了不起。如果当年我读书的话，肯定也能考上大学。"

我也喝得有点儿晕，我也拍着他的肩膀说："你别读了，你读书的话，现在菜市场就少了一个有良心的卖豆芽的大老板了。"

回家之后，已经很晚了。洗漱完毕，正准备睡觉，突然听见楼下有人叫我。我打开窗户，看见豆芽骑着单车停在我家楼下。他说："你下来。"

我下楼，豆芽的单车后座放了一个巨大的塑料袋，里面全是豆芽。他一脚蹬着单车踏板，一脚撑着地，微醺之后的正经，样子特别精神。

他把袋子递给我："这些豆芽都没放化学药剂，你放心吃。等你以后去了大城市，就再也吃不到这么安全的豆芽了。"

后来

后来的十几年，我的菜单里再也没有出现过豆芽这道菜，也许是我一直记得豆芽说的，等我到了大城市，就再也吃不到那么安全的豆芽了。其实，比起安全的豆芽，我更愿意相信的是那个12岁就相识的少年，前所未有的笃定的语气吧。

现在的豆芽很了不起，一个人承包了整个菜市场，专门辟出了一块地给交不起摊位费的菜农。年前给我打电话，问如果市场开通送菜上门的服务，是不是能更方便周围的居民一些，什么样的技术能够实现。

我一一给他解答，也给他介绍了一些做技术的朋友。介绍他的时候，我从不说他是一个大市场的老板，只会说这是我们那儿卖豆芽卖到第一名的兄弟，大家听到之后都很佩服。

一个人如果能够很投入去做一件事情，很相信这件事情能够给他、给家庭带来回报，撒下去的诚意一定会成百上千倍地回馈于他。

对了，不知道从什么时候开始，我不敢再瞧不起任何人。因为12岁的豆芽曾经说过："你瞧不起卖豆芽的哦。"然后就做给所有人看了。

生活没有那么多的在别处，甚至没的选择。

无论身处何方，陷于何种境地，都要试着去做环境的主人，向下生根，向上开花。

光，打在你身后

成长过程中，总会有几个让你永远忘不掉的老师。老贺是一个，无论是做人、处事，还是他无形之中对我的影响和有形的帮助。每个人都可能成为另一个人的老师，因为总有人出于信任而问你一些他们不懂的问题。我高中时的班主任，给了我最大的肯定。

2015年春节，接到陌生来电，高中同学Copy告诉我，大家在一起喝酒聚会，不知我是否回来了，试着给我打个电话。

如果我在的话，他们希望我能过去一趟。

我说我在，问起"他们"是指哪些人。Copy说了一长串熟悉又略带陌生的名字，他最后说老贺也从广州回来过年了，点名要见见我。

老贺。真的是很久没见了。

我们是老贺带的最后一届毕业班,后来他们全家去了广州工作。中间十五年,一点儿消息都没有。

你们等等我。

心情激动,但更是紧张。
换了几件外套。
穿大衣觉得自己老了。
穿皮衣觉得自己不够真诚。
围上围巾觉得有点儿刻意。
最后选择了一件大大的棉衣。
看起来臃肿,但棉衣里的人,跟高中并无二致,瘦瘦的,对任何事都带着一点点拘谨。

高中的时候,我戴着一副黑框眼镜,班里同学给我起了一个外号,"小表弟"。

"小表弟"代表着幼稚、天真、不懂事,也代表着好说话,跟谁都能相处,不会拒绝别人。

我不喜欢这个外号,甚至是讨厌,觉得它代表的全是自己的缺点。更可气的是女生每次听完男生的解释之后,都会用妈妈一样慈爱的眼光看着我,说:"哇,'小表弟'真的好适合你,好可爱。"

一次课间的时候,老贺路过走廊,听同学这么叫我,随口评论了一句:"嗯,还是很像你的。"

奇了怪了,自从老贺说这个外号还不错之后,我也就觉得这个外号还真不错。那种感觉大概是——能被自己崇拜的人认可,无论认可的是什么方面,都觉得蛮开心的。起码,对方记住自己了。

老贺是文科重点班的班主任,同时也是年级所有文科班的英语老师。而我高一时就读于理科重点班。

升高二的时候,文理正式分班。分班考试我考得很糟糕。

爸妈急坏了,亲戚劝说赶紧送礼,如果名额定了,送再多东西也不管用。

我和老贺不熟,他高高壮壮,像个北方人,一直笑眯眯的,学校里都是他的传说:教课很厉害啦、英语口语全市冠军啦、爱人很漂亮啦,以及他每天晚上都要去我们当地最高级的夜总会吹萨克斯啦。

现在来说,会吹萨克斯都很了不起,更何况在十几年前。

但很多人对此颇有微词:一个老师怎么能去夜总会兼职呢?一个老师晚上难道不需要备课吗?一个英语老师再新潮也不能这样啊?!

这种说法在我们那个小城市听多了,也会让人产生疑惑,好像是这么回事。

可老贺每次出现在学校的时候，样子自信，脸上挂着微笑，好像别人的议论，于他而言只是掸掸身上的灰尘那么简单。

我很羡慕这样的人，从不把焦虑挂在脸上，说话有条有理，你甚至能感觉到他把每一个字、每一个词都规规矩矩地码好，一个一个往上垒。这代表着他的态度，也代表着他的根基，一番话说完，面前不是情绪，而是一座高楼拔地而起。

总之，那时只要远远地看见老贺，都觉得浑身涌起一股力量，想成为他那样的人。

因为崇拜久了，总是会想他那样的人为什么会有那么多优点，久而久之，就好像和他很熟一样。

以至于父母讨论完我的分班失利之后，鬼使神差地，我鼓起勇气站在了老贺他们班的门口，等着他下课。

老贺夹着教材走出来，怯懦的我站在走廊上，生生脆脆地喊了一声："贺老师。"

他停下来看着我。

我说："我想找你。"

高中的我不是一个敢于发表自己观点和意见的人，因为害怕意见被人忽略，也怕被人瞧不起，任何事情都不敢出头。对同学如此，对老师则更甚。

但不知为何，看到老贺，我有想表达的欲望。

一米八五的他停下来，低头看着当时一米五八的我，目光有压迫感，可是我看到他的嘴角突然扬起了微笑，我突然就拥有了能够与他平视的力量。那种鼓励特别亲切，暖暖的，让人丝毫不会紧张。

我说："贺老师，我是理科班的学生刘同。也许您不认识我。我想告诉您，我很想进入您的班，我知道这一次考试我还差一些，但是我肯定可以的，我一定不会让您失望的。"

我不知道自己如何说完这些话的，老贺中途并没有打断我，他带着笑意的目光甚至鼓励着我继续把想说的话说完。

"好的，我知道了。我回去考虑一下，你也不用太着急。"老贺带着微笑这么说。

妈妈通过各种关系找到贺老师，当她带我去办公室的时候，老贺坐在椅子上，抬起头笑着对我妈说："不用了，刘同他自己已经来找过我了。"

我妈很疑惑。在她眼里，我只能把事情搞砸，她一直以来的任务就是把我从偏离方向的轨道上拉回正轨。

老贺笑笑地看着我，说："刘同跟我说了他的想法，我也明白了他的想法。你们等消息就好。"那一刻，我突然觉得自己长大了，不是因为自己有多成熟，而是因为老贺在心里把我当成了一个大人。我很不好意思地低下头，也尴尬地笑了笑。

后来，当我的名字真的出现在文科重点班的编排表里时，我在心里痛哭了一场,并且发誓一定要好好学习。就算不是为了自己,也要为老贺对我的信任。

可惜的是,进入高二之后,我的成绩依然起色不明显。说白了,我依然是那个跟在很多同学后面的小孩,依然不怎么敢说话,不怎么敢发言。对此我一直很羞愧,觉得给贺老师丢脸了,虽然并没有人知道这件事,可对我而言,就像是贺老师把全部家当都给扔了,只是为了从外面抱回一个蛋,可回家孵了几个月,却一点儿动静都没有。

我学不进数学,因为高一的基础就很差,根本听不懂。

我学不进语文,觉得死记硬背的东西我就是做不来,我又不如其他同学那样凭感觉就能答语文试题,说不清是什么原因,或许是自己没有开窍,把语文当试题,而不是真正的沟通工具。

因为语文和数学学得不好,对于老贺教的英语更是没脸面对,英语成绩也烂得一塌糊涂。

又因为主科很差,剩下历史政治什么的,更是觉得没信心。

本来觉得自己如雨后的春笋,就要冒芽了。没想到,一场大雨过后,不仅没有冒芽,反而被一场泥石流埋得更深了。

我开始躲着老贺,什么都不积极。不是因为缺乏自信,而是怕他更失望。与其让他一次又一次失望,不如待在他看不见的地方，就好。

老贺似乎发现了我的异样。他也不找我聊天，而是点名让我参加各种文科班的课余活动。

我的普通话很烂，他偏偏让我参加演讲比赛。

我逻辑也不是特别清楚，他偏偏让我组织班级的辩论队。

我根本不会跳舞，他让我和几个男生一起跳民族舞《珠穆朗玛》。

英语更不用提了，但他给我一篇稿子让我参加英语口语比赛，还告诉我，只有几百个单词，背熟，就能拿奖。

我不会美术，他让我组织同学参加全校黑板报大赛……

还有五千米的无线电定向越野……他略带笑意地说反正你也没事……

反正我也没事……

我是真的没什么事。听课听不进去，每天无精打采，觉得世界全是黑的，唯一的光，可能就是老贺发现我沉到海底，冷不丁把我打捞上来那一下。虽然我想一直沉底，但他每次点到我名字的时候，我还是忍不住告诉自己：虽然不明白为什么，但是一定要做好啊，要做好。

我和几个学舞蹈的同学一起跳的《珠穆朗玛》拿了一

等奖。

我参加的英语口语比赛拿了优秀奖。

我定向越野五千米跑完了全程。

我把黑板报搞得乱七八糟拿了最佳创意。

我成绩不好，但老贺让我用另一种方式体验到了做学生的另一种可能性。只是他在学习上没有给我提出任何意见，甚至家长会他也不批评我。我想他可能在为我寻找另一条出路吧。

高三的时候，班级进入全面复习。那时我开始明白了学习的重要性。

我以前一直以为学习好，是为了父母开心，老师开心，考上好学校什么的。

高三前夕，我去了省会的大学参观之后，突然意识到，原来一个人成绩好的话是可以选择自己想要的生活，可以选择自己想要交往的朋友。而成绩差的人被迫一直生活在自己的世界里，小范围选择，看不到自己想要的精彩，不知道自己想过什么样的生活。

你努力了，就能在大学里遇见和你一样努力的人。

你付出多少代价，你考去了哪个大学，那个大学的大多数人和你付出的代价也一样。

一个人的人生中，大学同学占很大的比重。所以，大学同学是怎样的人，对每个人来说很重要。

刚进高三，老贺找我。

他说："你对考大学有信心吗？"

我不知道。我的成绩都很差。但我知道，提高成绩是我唯一的出路了。

他说："现在数学开始复习了，你要不要试着从高一数学的每一小节开始复习？试一试。"

他接着说："很多东西你不懂，最后也都能懂个七八分。数学比那些东西更容易。"

那时我突然明白，老贺为什么让我参加各种活动了，也许他是想让我明白，学习很重要，但学习的能力更重要。很多人觉得自己成绩不行，就什么都不行了。只要有学习的能力，还有很大的可能性。

我按照老贺的方法去做了。

每天把数学的每一个小节弄懂，做题，再晚都行，就是不能拖。

慢慢地，小节考试我能考到前十名，一到大的月考，就掉下去了。但我不会再轻易地觉得自己不行了，我觉得等到全部复习完毕，数学满分 150 分，起码能考个 90 分吧。

也是因为数学慢慢好起来，语文也开始慢慢地有了自信，接着是其他的科目。人生的齿轮，就这样慢慢地开始运转起来了。

高考的结果是我考上了湖南师范大学,老贺特别开心,升学宴上他喝了几杯酒,说:"刘同你要好好的,要加油。"然后他对我爸说:"你儿子总是能从一片废墟中找到一点点光,打也打不死。"

那时我并不是很理解这句话的意思,但我知道这一定是老贺觉得我很有用的地方。

也许是因为老贺当初说我是一个会在黑暗中找光的人,所以后来无论遇见怎样的事情,再令人崩溃,我的第一个念头都不是"怎么办,完蛋了",而是"来,我们看看光在哪里吧"。

写了十年的小说卖得都不算好,身边的朋友都在用努力来形容我。

当初我出第一部小说,哪怕一分钱稿费都不要,也没出版社愿意出版,现在和那时相比,已经进步不小了。

很多年的工资都不高,但对比了一下过去的自己,起码接触到了越来越多的人,学到越来越多的东西,只是还没有变现而已。

恋人提出分手,我想,也好。不然过几年再分手,比现在更难受。

工作的伙伴不给自己好脸色,我想,那就一笔一笔记下来吧,等到有一天真的要撕破脸的时候,再一笔一笔当众告诉对方。

谈了很久的合作最后一刻崩盘了,我想:果然,其实一早就知道可能会出问题,只是不愿意面对或者根本没有发现问题出在哪里。原来自己离成功还差那么远。这么一想,觉得收获更大了。毕竟,谈成一件事情只是让别人觉得厉害,失败反而让自己学到更多。

甚至在电商购物买到了假货,给对方一个差评之后,想想,一千块买到了自己"再也不会轻易做某件事"的教训,也算是很便宜了。

包括生活中总会遭受很多很多委屈,遇到很多想不明白的事,我想,赶紧把这些事情记录下来,等到自己翻身的那一天,再说出来,应该蛮精彩的。

有时我会想,这样是不是太阿Q了,但又立刻告诉自己并不是阿Q。阿Q是放任自流,越来越麻木。而我是找一个让自己能接受的更舒服的方式,坚持朝好的方向继续,而不是放弃。

有人曾问:"同哥,你最佩服自己的优点是什么?"
我以前回答的是坚持。

现在我改了一下答案。我最佩服自己的优点应该是:懂得让自己变得更开心。不开心的时候,我就给自己一个开心的理由;想不明白的时候,就给自己一条想得明白的路。当你意识到，你能对自己负责，你的灵魂能够让现实的你变得更好，你是你最好、最亲也是最可靠的朋友的时候，你便会想方设法让现实的那个自己变得更好。

你说的话没有人回应。

你写的字没有人看。

你做的事受不到肯定。

你约会傻等两个小时，那个人也没有出现。

这些时候，你是哭呢，懊恼呢，还是骂自己没用呢？

如果你真的学会了让自己开心，给自己鼓掌。

你就会告诉自己：

多好啊，你敢当着那么多人的面发言了。

多好啊，人家打了十局扑克，你却写了一千多个字呢。

多好啊，没人监督你，你也终于能一个人把事情做完了啊。

多好啊，在这个年头，还能傻等一个人两个小时，人品真是没话说啊。说出去，想跟你相亲的人也能排到好几条街外面去了吧。

阿Q吗？不阿Q。

每天我们遭遇的质疑已经够多了。

每天不尽如人意的事情已经够多了。

每天看到的令人不开心的事情也已经够多了。

这世界已经够恶心了,不是吗?

为什么我们还要继续埋怨自己呢?

十五年过去了,老贺听说我在,要见我。

进入他们吃饭的饭馆之前,我深深地吸了一口气,打算进去就喝一大杯白酒,先把自己灌醉。高二的时候不害怕,现在反而怵了。

同学老师一整桌,看见我来了,都很开心。一个一个叫着我的外号。

我看见老贺了,样子一点儿都没有变。他坐在那里笑眯眯地看着我,说:"我好久没有见你了,长那么高了啊,如果在街上我都不敢认你呢。"

"我一定会主动叫你的。贺老师,我先敬你一杯。"我很开心。

"你变得那么会喝酒了?"老贺很惊讶。

我不会喝酒,我只是知道,如果哐哐哐连干三杯的话,我就会打破曾经那个害羞的自己。

酒过三巡。我问老贺高二时为什么会允许我进入文科重点班。这个问题憋了我十七年。

他似乎想了很久,然后说:"你之前在理科班不是一直跟在一群同学后面吗?好像做任何事情都躲在后面,我就觉得你这个小孩气场很小很弱,我完全没有想到你能主动来找我。

说实话,那样的你把我都吓到了。我很吃惊,你这样的人怎么敢来跟我谈你的想法呢?"

光打在你的身后,墙上便有了巨大的身影。

"与其说是相信你成绩会好,不如说是相信你比同龄人更知道自己要做什么吧。"

也许,当你努力想完成一件事情的时候,信念会给你比能力更强大的力量。

当年在走廊上,当我叫住老贺的时候,大概就是这个道理。

后来

再回过头看这段回忆,算是信念吗?好像是,好像又不是。但这更像是阿Q吧——不浪费时间和自己较劲,迅速承认自己的不足,用最快的方式找到让自己开心的办法。

一个人的成长总会有黑暗,我常常问别人:我该怎么办?我怎么做才正确?可得到的答案要么是毫不走心,要么是漠不关心。后来我才知道,其实那个年纪的每个人都自身难保,都在期待着被人拯救。在那样一种孤立无援的状态下,做任何事情都是为了不为难自己。

那时的自己似乎掉入了很深的一个人的世界,仰头看天,一个人攀缘。终于花了很多年的时间,能坐在一个人世界的悬崖上,抱着双膝看眼前——从不了解别人,到想了解别人,从想了解别人到发现自己并不了解自己,再到想试着了解自己,然后真的慢慢了解了自己。

你开始放任自己去胡闹,你知道会有一些后果,但你能承受;你变得有些刻薄,你知道会得罪一些人,但你也知道你迟早会得罪这些人;你开始尝试着主动去引爆一些小情绪,因为你了解自己,所以比以往能更看得清结局;你知道凡事都躲不过去,还不如直接面对为好。

不为难自己就是对自己最好的方式。

好像每个人的人生中,一定会把很多词分为褒义,或者贬义。于是,只能接受诸如爱、喜欢、照顾、关怀、陪伴、理解等词语,害怕那些欺骗、束缚、冷漠、无助、黑暗、痛苦等词语。

但爱会让人沉溺,而无助能让人横下一条心……

陪伴会让人习惯在一起,而痛苦让人更容易感受到满足……

有人说:希望你和这个世界交手多年,依然心怀坦诚,兴趣盎然。

我希望每个人都能这样,但前提是,学着用最平衡的方式不为难自己,和自己和平共处才是真正的兴趣盎然。

第二章　你别无选择

那时年纪小,
以为站得越高,想得越远,才是大人。
现在年纪大了,才知道把自己放得越低,
越懂得体谅眼前人,才是大人。

扛着梯子走的人

这是睡在我上铺的好兄弟,那时的好只是要好,毕业十几年之后的每次相见,我才知道我们不仅是要好,而是真好。两人相见,没有人绷着,没有人想跟对方说自己最近有多厉害。这篇文章在第一版的《向着光亮那方》发表后,很长一段时间我不敢和他联系,我怕影响到他现在的家庭,哈哈哈。

广州的天气湿热,出了机场,滚滚热浪。大口喘气,不像呼吸,像喝了一口温水。

我给小白发了一条短信:你在干吗?

收到回复:在等你的短信。

好贱的回答……还没反应过来,小白的短信又至:你在干吗?

我回:呼吸和想你。

立刻又收到回复:你好贱。

我说：那咱们，晚上见？

他说：好，晚上见。

我和小白不常见面，大学毕业之后，平均下来两年见一次。也许是当年见第一面便打下了基础，以至于多年之后，无论我们生活在哪个城市、相遇在哪种环境、周围有哪些人，我和他都像一张泛黄的老照片，哪怕待在那儿一言不发，只要被人拿起，情景都能瞬间回到读书那几年，我们还是上下铺的日子。

大一刚进宿舍选铺位的时候，只剩我和他和一张上下铺。我看上铺的眼神有零点几秒的迟疑，他立刻用极其标准的普通话说："同学，我睡上铺吧，这样您也方便些。"我本想谦让，显得自己懂事，但一开口还没有说出第一个字，便立马闭了嘴，接受他的礼让——普通话不好，连对话都显得那么没有底气。

哦，还有，我特别羡慕能够把"您"字说得自然的人，从小生活在湖南南部小城市的我，很少受到必须要说"您"的教育，以至于现在，只要有人把"你"说成"您"，我内心即刻肃然起敬。

第一次接触，小白自然成了我想成为的那种人——关心他人、大方得体，帮助别人的时候有种不容拒绝的权威。

他什么都好，在一群人当中，第一眼总是能占尽便宜。

除了普通话好,他还家教好、成绩好、字写得好、文笔好、皮肤比女生好、运动好、唱歌好,本来长得没有那么好,但碰巧那一年流行陈小春的"痞帅"长相,于是他第一眼就占尽了便宜。

我和他恰恰相反,不是我什么都不好,而是我属于那种"第二眼才能捞回一些好感"的男同学。

大家一起出去玩,一开始听到的都是"小白,你好细心啊",等聚会快结束了,发现我也准备了一些东西,这时才是"刘同,你也好细心啊"。

大家一起晨跑,开始听到的也都是"小白,你身体不错哦",等到跑完了,就会有女生说"刘同,没想到你也不错"。

总之和他在一起久了,我习惯了"也"这个字。起码,因为有了他,我身上的某些优点自然也被发现了。一年下来,他顺理成章成为"全年级最受欢迎的男同学"。而我,因为是他下铺,顺便成为"全年级最受欢迎男同学的下铺"。

中学的时候,我属于极其腼腆的性格,任何事情都不敢越雷池一步,一个人在同一种环境中待久了,很容易说服自己就是某一种人。稍微想变得不太一样,先不提自己的感受,光是周围人的敏感与不适应,足以让你缩回十几年不变的藏身之处。

至今我有些后悔的两件事情就与这样的成长经历有关。

小学第一天,妈妈让我用普通话与大家沟通,我刚张口说第一句，其他小同学就用当地方言嘲笑我有病，无法独立面对暴风骤雨般嘲笑的我，第二句就变回了方言。这导致我读大学之后，学习普通话变得十分困难。

再有，我进大学之初，每个周三都去学校的英语角锻炼英语口语，回到宿舍与舍友们说英语，也被嘲笑脑子进了水。若是我再坚持，他们就会说我的英语口音实在与印度英语没什么两样。直到我终于放弃，这样的评价才会消失。

回想起这些，并不是抱怨当时的环境太恶劣，而是觉得当年的自己太没有自信。也许社会普遍规律之一就是——我们以为别人和自己一样，所以常常忍不住用自己的标准去要求别人、同化别人。我们觉得奇怪，就阻止别人奇怪；我们觉得不妥，就阻止别人继续。当世界趋同为一样的颜色时，我们才能理所当然地睡着。

好不容易从生活了十二年的环境脱离出来，我内心挣扎的欲望极其强烈。站在校园歌手大赛的报名广告牌前，我蠢蠢欲动。我不期望获奖，只是特别想试一下，看看自己有没有这样的胆量，看看自己在别人眼中究竟是一个怎样的人。

那块校园歌手大赛的报名广告牌放在我们去教室的必经之路，每每路过，我都停下来，把细则默读一遍，算着截止的日期。

想报名，却没有必须参加的理由。想唱歌，却不知道自己应该唱什么歌。想告诉别人自己的想法，却没有这样的胆量。那种纠结感，就像小工匠拿着一把小锉子，每日每夜不停息地把一座心里的神像活生生锉成了一块板砖，终于不忍直视，顺理成章劝自己放弃。

小白似乎看出了我丰富的内心戏，他说："这个比赛好像蛮有意思的，对吧？"我点点头。

然后他说："我蛮想参加的。"

我一听他想参加，心里就更泄气了。军训的时候我听过他唱歌，唱黄磊时文艺，唱朴树时洒脱；他若参加，我做啦啦队队长最合适了。

我心里那个小人啪嗒双膝下跪，立刻说："好啊，你参加，我负责帮你拉票，做宣传啦啦队。"小白看着我说："别啊，你也参加，你唱得不错啊，咱俩搞一个男子组合吧。"

"啊？"我不太敢相信他的邀约。

做惯了配角，突然让我成为男主角，心里的各种顾虑不言而喻。只是，我意识到如果拒绝邀请，恐怕之后我很难再鼓起勇气了，那短短的几秒，我问自己为什么想参赛，为什么想唱歌，为什么想站在陌生的人群前，其实都是想让自己勇敢地迈出去一步而已。所以，即使小白再耀眼，在我心里，不过是老天给我打的一束面光，让我更好看一点儿。

这么一想，我就扬起那张已然僵硬的笑脸，对小白说："你觉得我可以吗？"

他笑了笑："只要你愿意，我们就一起。只要你做好了准备,我们就报名。你当然可以,更何况还有我。"

我说:"那,好啊。"

为了选一首合适的参赛歌曲,整个寝室的哥们儿都陪我们在KTV通宵练歌,也是在那个时候,我知道了一个男子双人演唱组合叫无印良品,我和小白学会了他们的每一首歌,我们俩成为组合的第一支参赛曲目叫《掌心》。

从1999年至今,这十几年间,每每同学聚会,大家都要求我和小白唱这首歌。

歌词这辈子都忘不了了。

摊开你的掌心,让我看看你,玄之又玄的秘密,看看里面是不是真的有我有你。

其实,看透彼此,靠的是时间。

我们第一次在文学院的选拔赛上唱起这首歌,同学们热情的掌声让我连自己的声音都听不清,一紧张我就跑调,一到小白他就把调拉回来了,那种怪怪的感觉不像在合唱《掌心》,更像在合唱《纤夫的爱》,小白就像纤夫一样,拉着我这么一艘漏洞百出的船……

结束演唱,回到后台,我自责了好久,我对小白说:"对不起啊,我太紧张了,所以跑调了。"小白说:"没有啊,伴奏的声音太大,我连自己的声音都听不到,更别提你的声音了。"

事实证明他是对的,评委似乎没有被我的跑调影响,我们以文学院第二名的成绩挺进了学校的决赛,最后拿了一个全校二等奖。

后来,学校好多活动,都邀请我和小白以组合的形式唱无印良品的歌,我再也没有那种站在报名广告牌下的小忐忑了,也不再跑调了,情绪一高还向同学们挥手,小白斜着眼看我:"你以为我们真的是无印良品啊。"

那个差一点儿就放弃报名的男同学,在最后的时刻被推了一把,站在了一群人面前。从那一刻起,我与小白不再是上下铺的关系了,那时没有"好基友"这个词,所以我们就成了大家眼里的好兄弟。

成为好兄弟之前,我认为小白是一个做任何事都要交出一张漂亮答卷的人,关系好了之后,我才了解,他确实都能,但并不是都要。

比如,大学里总有女生借故来宿舍找他,但在他心里,高中有个人却一直放不下。他和女孩考上了不同城市的大学,相隔千里,每晚靠打电话缓解思念,入睡前他在打电话,醒来上洗手间,他还在窃窃私语。

我问他:"每天和一个人说一样的话,你不腻吗?"

他反问我:"每天有一个人陪我说一样的话,你不羡慕吗?"

过了好多年,轮到我也这样的时候,才明白这确实是个道理。

女孩也会在某个周末乘通宵火车来看他,跟我们想象中一样,大方、热情、知书达理。他们在一起就很配,牵手走在校园里,惺惺相惜之情让人担心两人的甜腻随时会引发火灾。

他与女孩是高中的完美恋人,早就见了父母、订了终身,小白说毕业之后哪儿都不去,娶了女友回老家,陪双方父母,一切就如意了。

那时,大学里的我们连个目标都没有,小白却已经站在了人生的巅峰,前路一目了然。

记得某天夜里,宿舍熄灯了,我们问他世界广阔,为何早早就要定了结局。他说这不是人生的结局,而是另一种生活的开始……

听完这段话,宿舍陷入一整片死寂……听不懂啊!!听不懂!!!听不懂这种成功人士对于幸福的哲学探讨啊!!!

"睡吧。"宿舍老大说。

我和小白不同。我觉得世界很大,想脚步不停到处看看。他觉得世界很小,遇见了命中注定的人就该趁早歇脚。可惜的是，那个我们都认为是他的命中注定的女孩，在大三的时候，主动提出了分手。

怕小白太伤心，女孩给我打了电话，说她想分手的原因很简单——她需要他的时候，他不在。

二十出头的我，轻而易举就接受了这样的理由，拿去劝小白的时候，他摇摇头，继续一个人抽烟喝酒，不甘大于愤怒，沉默是最好的答案。

之前的他每周有个固定的爱好，周末宿舍没有人的时候，他都会拿出稿纸，洋洋洒洒写一篇文章，状态好的时候会誊抄一遍用来投稿。失恋之后，再没有看见他写过任何东西。

后来我也谈过两场失败的异地恋，大致原因也是相同。只是到了最近才明白，并不是你需要我的时候，我不在。而是你需要人陪的时候，我不在。你需要的只是用陪伴填补空白，而我需要的只是你。

对小白来说，女孩是唯一；对女孩来说，小白是陪伴。

一直颓，一直颓，失恋的那个学期，他鲜有笑容，不出门，一直躺在上铺，饿了让我们打几两饭。平时不上课，考试了就看几页书，不会做直接交白卷，就像一个人身体里的血液被抽干，换上了没有灵魂的蒸馏水。

女孩打电话劝他也没用，在电话这头，他装作比她还要洒脱，说自己一切好得很，不用担心。

直到某一天，女孩最后一次打电话，说要和新男友出国了。小白出奇地沉默，放下电话，看着我，一个字一个字地说："她，真，的，走，了。"

五个字，很简单，他使着劲说完，就像花了全身的力气。

他以为女孩只是短暂地玩一玩忘了回家。好多年后我在广州出差，他喝醉了，说起这件十年前的往事："两个人吵架，一个人必须等着，如果我撑不下去也转身走了，万一她回头，都不知道该如何回来了。"

空闻渔父扣舷歌，心若灰，萍藻满，无处祭奠。

那是我第一次见他哭，分手的时候都没有。

彻底分手的第二天，小白起床特别早，把我们一个一个叫醒，说"今天老子要重新做人"。他翻出几乎没有打开过的专业书，对比着别人的课表，抄下上课的教室号码，早早出了门。还没有二十分钟，他又回来了，气急败坏地说："浑蛋，这是上个学期的课表好吗？！"

小白暗无天日那一长段时间，关心他的女生不少，坚持下来的不多。外语学院有个胖胖的女生，因为老喜欢背一个硬硬的黑书包，我们私下叫她"忍者神龟"。忍者神龟常常带好吃的来宿舍，帮小白买孙燕姿和黄磊的新专辑，说一些嘎嘣脆的笑话，看她笑得合不拢嘴而小白嘴角勉强上扬，看她买好吃的总把我们宿舍的兄弟放在心里，我对忍者神龟有了一些好感。

只是小白对龟妹的出现不拒绝,也不主动。我们都觉得只要过完这段时间,龟妹准没戏。所以我们也会对龟妹说:"常常只有我们男生会乘虚而入,没想到你们女生也会,到时失败了,我们还是好朋友。"龟妹嘻嘻嘻笑得合不拢嘴,说没问题没问题,我们还是好朋友。

转眼就是大四,我们都在为未来计划。娶到高中女友回老家结婚是小白一直以来的打算,而再问他有什么打算时,他说决定去部队当兵。大家哗然,他却觉得好,软趴趴了一年,总得为此付出些什么。

我们奔向工作岗位的时间不同,也刻意没有告别。想起相处的四年,人生就像连续剧一样,电影《涉外大酒店》里有句台词:任何事情都会有皆大欢喜的结果,如果没有,就证明还没有到最后。

我相信我们没有到最后,离开学校的时候,给他发了一条短信:我走了,下次见。

他回了一条长长的:想起大学里我们第一次见面,你小小的,觉得有要照顾你的义务;现在的你,快快的,特别知道自己要做什么。特别希望你能一直这么下去,我也会好好的,再见。

听说龟妹去了广东的县城当老师,离开时她去见小白,小白避而不见。龟妹哭得稀里哗啦，那时没有人再去安慰。每个人都要学着长大，要明白总有一些事早就注定了结局，而你要的只是过程而已。

再见啦。所有的同学。
迎着风，总有再见的时刻。

大四的我们，一跃跳入水中，每个人都尽力憋住四年的那口气，久久地潜入水底，手脚并用，心里只有一个信念：别停，再坚持两秒。祈祷自己钻出水面的那一刻，景色真的会因自己的努力而变得有所不同。

离开校园之后，我和小白联系甚少，后来得知他去了太原的部队，刚好有同事要去太原出差做新闻采访，我把才领到的一千块出头的工资，慷慨地劈出了一半给他买了两条高级烟和一些辣椒特产，让同事帮忙带过去。我给他带的特产里夹了一封简短的信，大致意思是听说在部队很容易被老兵教训，万一被打了，还能拿烟做点儿人情什么的。又说现在的生活是他自己的选择，喜欢就继续，不喜欢就改变，无须给自己太大的压力。那个月的省吃俭用换回了他一封长长的信，字一如既往地潇洒，他说了自己在部队的生活，严肃规矩，有点儿怀念我们的大学时光。
他在信里说：

"我怎么可能被打呢？长得那么乖巧，天生人见人爱的样子。唯一的不好是，没有人谈恋爱，没有人送温暖，哎，不得不承认，我居然有点儿想你。

"哦，对了。下次给我寄几张你觉得好听的CD，在这边唱歌都是扯着嗓子吼，我都忘了怎么唱歌了。

"上次听他们说你现在工作很辛苦，聚会常常参加不上，我很羡慕你能一直坚持和投入去做自己想做的事情。现在的我不知道这个世界有多大，只是每多过一天，看到的事情无论好坏，心里就多踏实一点儿。虽然和想象的生活不一样，但是我努力在享受。

"你若不忙的话，可以多给我写信，说说你的生活，电话打完就忘记了，信还可以来回多读几遍。

"猴子，谢谢你哦。"

电话打完就忘记，信可以来回多读几遍。他以前还说，毕业时只能和不再见面的人告别，不然，就当毕业是一次短暂的别离好了。他是诗人，轻描淡写一个方向，轻描淡写一次选择，轻描淡写一场心碎，轻描淡写一种怀念。

"猴子，谢谢你哦。"看到这几个字，我知道他是真的很想念我们大学的生活，现实不堪，他说幸好还有我们几块烂木头浮在浩瀚汪洋上，救不了命，却能看到水面之上的光。这些光，能让他努力享受与想象不一样的生活。

那是我们毕业后的第二年。

再之后，他换了部队扎根，我换了城市漂着，被时间大浪打昏了头的那几年，我们断了联系。

我丝毫没有担心过我们渐行渐远，我深深地清楚，某年我们再见时，我们仍会像少年般面对面。不服老、不被命运打翻，就是对平凡本身最大的不妥协。

毕业第五年，他转业到了广州，进了政府某机要部门。

毕业第六年，他在广州买了房子，准备结婚。

那一年，我出差去广州，他变胖了，从 120 斤的小伙子变成了 140 斤的伪中年。我问他："你和谁结婚呢？"他说："还记得'忍者神龟'吗？"

为此，我连喝了十大杯啤酒。

敬当年瞧不起"忍者神龟"爱情的短浅。

敬现在满是唏嘘却又心满意足的幸福。

敬少年时刻骨铭心却不能相守相依的誓言。

敬现在低头看地抬头有你的相互理解。

敬用青涩一点点交换而来的轻狂。

敬回忆。

我们在广州最豪华的 KTV，小白的老板朋友请客。他说："想点什么点什么，点歌点酒点水果，点烟点人点按摩，哪里不会点哪里。"

喝了一杯酒，我靠近小白："老实说，多没有品位的人才会选在这里消费啊。我真的高看你了。还跟我吹牛,说这里有多高级。"

他回敬了我一杯,低声说:"小声点儿,今天这个局压根儿就不是显摆这里有多牛,而是我那个老板朋友听说我最好的兄弟要来,非选了这里,我说你特别 low(低级),喜欢大排档,他恨不得拿枪指着我让我请你来这里,他觉得我们的感情配得上这里的金碧辉煌。这是尊重。"

虽然我不喜欢,但是我也懂尊重。

以小白最好兄弟的名义,敬了老板很多杯酒。

小白说:"猴子,你成长了哦。"

我说:"你是觉得我更世故了吧。"

他说:"换作以前的你,会把这当成交际,然后偷偷把酒都倒给我,今天的你会喝干,证明你内心真的接受了这件事情,我们成为什么样的人很重要,但我们如何对待不同的人更重要。"

我说:"快别说了,我明天就帮你录一张光盘,放在机场教人成功学。"

他说:"摊开你的掌心,让我看看你,玄之又玄的秘密,看看里面是不是真的有我有你。"

"快快快,点一首《掌心》。"

那个环境里,房地产老板点歌时只听《北国之春》《乌苏里船歌》,他们不知道谁是无印良品,不知道《掌心》,我点了满屏幕的歌,他们说这些歌都没听过。

很多事，与多少人懂没关系，有人懂就行。

送我走的时候，他说："你以后最好少来，你每次一来，我就现出原形，你回去之后，我要很久才能恢复现在的生活。"

我问："你喜欢你现在的生活吗？"

他说："喜欢啊，从来就没有经历过这么无聊的生活，一想到现在的生活是从未经历过的，就觉得开心。"

……他一定看不到我在心里为他写了三个字：好贱啊。

然后时间就到了文章的开头，我和他互发短信，约好了晚上相见。这时距我们上次相见，又过了两年。

这两年中，他成了两个孩子的爸爸，他说现在已经没有了自己的生活，白天工作，晚上加班，周末打算睡个懒觉，忍者神龟就会把他叫醒说要带孩子去参加各种户外家庭建设。他说四个老人家都搬到了同一个小区，每天在一起吃饭。他说他都不知道幼儿园老师哪儿来那么多一套一套子女不能缺失父爱的理论，他说他父母也没怎么陪他，他一样长得"山高水长"。

那天晚上，我们俩坐在大排档，我基本上没怎么说话，只听他一直说一直说一直说。

好几次，我想插嘴，想问他那种煞风景的问题：你喜欢现在的生活吗？

但有什么可问呢?

我想了想,他的大三,人生最重要的规划坍塌,也许那时他就懒得再多做规划。选择了,就尽力去享受,不做逃兵。

听得出来,小白当兵时,应该被老兵教训得挺厉害,他却说自己以前从未有过这样的体验,试过之后发现原来真的跟传说中一样呢。

听得出来,转业了,他每天坐办公室也挺无聊的,他却说自己好像回到了高中,特别认真地听讲,与同事的关系融洽,只要不犯错误,每年年底都能拿到奖状和一笔奖金。

结婚了,那个一直陪伴他的龟妹辞职了,专心在家做家庭主妇。也听得出来,他的压力挺大的,挺无聊的,他却说:"怎么说呢?感觉自己金屋藏了一个娇,虽然挺胖的,但性格挺好的,能养一个女人,被传出去还是很潇洒的。"

成了一个孩子的爸爸,还没反应过来,又成了第二个孩子的爸爸,他不再开玩笑了,好像身上的压力一下子把他压到了水底,难以呼吸。

他持续说了两个小时,我没插嘴。说完之后,他好奇地看着我,问:"你怎么不讽刺我?"

我说:"以前我觉得你能翻身,所以才刺激你。今天我觉得你这辈子完蛋了,翻不了身了,就不刺激你了,你这样下去挺好的,混吃等死吧。"

他骂了一句脏话,然后说:"时间不早了,开车送你回家吧。哦,我的车很大,不要羡慕哟。"

然后一辆七人座的面包车停在我面前。

"加量不加价，每周我都是开着这辆车载着全家出去玩的。"

回酒店的路上，他一直在问我的工作状况，我如实汇报，他说真好。

快到酒店了，他车速放慢，很认真地对我说："我打算辞职了，准备去一家公司做人力资源。薪水不多，但能过活。祝福我吧。"

"啊？"

他看我一副完全茫然的样子，又解释了一句："以前我还年轻，觉得自己还能熬一熬。现在已经三十好几了，再熬就熬没了，所以只能拼了。"

这句话乍一听好像挺有道理，可细想，觉得说这话的人真的好傻。

他问："你觉得怎么样？给我点儿鼓励。"

我看着他，想起这些年的那些事，想起他把下铺让给了我，想起他因为失恋放弃了写作，想起他为了不让父母担心而去当了兵，想起他重拾与龟妹的感情，想起他只有跟我在一起才有的轻松，想起他是两个孩子的爸爸，想起他说他最爱的是跑车却开了一辆商务面包车。好像很多选择，都是先去考虑别人。可他又与其他"考虑别人的人"不同，他总用自己的幽默化解尴尬，再不济再不堪的事，被他一调侃，好像也就没那么糟糕了。

别人上不去了,他把梯子给别人。别人觉得他被架在那儿下不来了,他自己给自己放了把梯子。对,他就像那种随身扛着一把梯子的人,跟他在一起,上得去,下得来。

"猴子,我问你话呢?!"

我想起大学那次我想报名唱歌比赛的情景,他说:"只要你愿意,我们就一起;只要你做好了准备,我们就报名。你当然可以,更何况还有我呢。"

于是我也说:"只要你愿意,我就支持你;只要你做好了准备,我们就一起。你当然可以,更何况还有我呢。"

下车,隔着车窗看他向我挥手告别。

好骄傲,过了这么多年,我还能肯定地对所有人说:"我们几乎没有变。"

唯一变的是小白从两个人变成了一个人又变成现在的四个人,以及他的体重从120斤变成了170斤,而已啊。

后来

我告诉小白,我在写一篇关于他的文章,但是用了化名。他说为什么,他想用真名。我说我怕别人看出来这是你,有一些真事对你来说不太好。他说没关系,你给我看看,如果对我有负面影响的话,你就把我的名字改成另外一个同学的名字就好。

这篇文章他看过了,给出的评价是:"呵呵,我哪有170斤……168斤好不。"

经过时间的沉淀,每个人的人生里都有一两个这样的朋友,在外人面前是"死铁",但彼此说起话来从不会考虑对方的任何感受。这个人做什么我们都能理解,因为见过他们最好,也见过他们最差,知道他们配得上更好,也无所谓他们是否过得更差。

当评价一个人已经不再用"过得好不好"时,证明你们的关系已经足够好了,至于其他,哪比你和我的关系更重要。

而我和小白今天也没有更多的话可以跟对方说。总之就是,好吧,反正还有我呢。

我的傻瓜堂叔

每年过年，我们都会提到傻瓜堂叔，每个人都说他很好。能给所有人留下这样的印象，你身边有这样一个人吗？

福田比我小两岁，却是我的远房堂叔。

小时候，每次回老家过年，长辈们总是让我管福田叫堂叔，我很不好意思，因为不能理解为什么要对一个比自己小两岁的人叫堂叔。我不懂家长们之间的辈分——据说是因为福田的爸爸按辈分是我的爷爷，所以自然而然我要叫福田堂叔。

福田堂叔总是乐呵呵的，小时候我们每年只在过年的时候才能见一次，但每一次听说我们要回老家过年，福田堂叔都会早早地在村口的山坡下等着我们，远远地一看到我们就开始乐呵呵地笑。

不熟的人，初次见面总是感到陌生，即使一年见一次也需要熟络的过程,但福田堂叔好像完全没有这样的障碍,帮我背书包,带我在村里到处逛。田埂上有一只狗,我害怕不敢动,福田堂叔就会冲上去一脚把狗踢到田里去,笑嘻嘻地对我说:"狗有什么好怕的。"

读初中之前,我一直觉得这个比我小的堂叔很好打交道,直到初一那年春节。

福田堂叔接上我们,扛着大包小包在前面走,我跟在后面一直盯着他,我觉得福田堂叔走路好像很奇怪,每一步都一拐一拐的,总在快要失去平衡的时候才迈开另外一步。在印象中,他好像一直都是这么走路,只是那时我才意识到奇怪。

我问爸爸:"福田堂叔走路是不是歪了?"
爸爸说:"他走路一直是这样。"
我觉得我爸没有理解我的意思,又追问了一句:"为什么福田堂叔走路是歪的?"
爸爸有些尴尬地笑了笑,大概想了一种最恰当的方式来回答我:"因为你小爷爷和小奶奶是堂兄妹,所以福田生下来和其他人不太一样。"

我默念了几遍这句话,才理解,原来福田堂叔是近亲结婚生育的小孩。

因为近亲的影响,所以他的大脑发育比一般小孩慢,所以走路总是有些踉跄。

那时的我正在读初中，同学们说一个人傻就会用"近亲结婚"来攻击对方，乐此不疲。我怎么也没有想到，我的亲戚，一个每年都见上一次的福田堂叔，居然是近亲结婚生育的小孩。

我根本思考不了为什么小爷爷要和小奶奶结婚，也思考不了福田未来的人生究竟会怎样，我只是突然产生一种害怕，以及一种羞耻感，我的堂叔居然是个近亲结婚生育的傻子！

那个春节，无论福田堂叔怎么跟我聊天，我都不敢搭理。他说带我去看刚出生的狗崽，我很嫌弃地说不去。他问我要不要去挖荸荠，我很冷淡地说不要。他给我看各种昆虫标本，我也没兴趣。福田堂叔很难过，吃饭的时候就问大家："为什么同同不理我？"

福田堂叔说完那句话，大家都愣住了。

小爷爷立刻笑着说："没有没有，他哪有不理你，是吧？"

我不知道怎么回答这个问题，一下愣在那儿。

我从来没有想过福田堂叔会当着所有人的面问出为什么我不理他这种话。

换作是我，我肯定把被排挤的尴尬隐藏起来。

什么样的人才会不掩饰自己的情感呢？这个问题困扰了我很多年。不显露自己的情绪，是不想被人瞧不起，也不想给人造成麻烦。

也是在那一刻，我告诉自己：这辈子，绝对！再也不叫福田堂叔了！他真是一个令人讨厌的家伙啊。

爸爸出来救场说："福田堂叔不开心了，你一会儿吃完饭买一些摔炮，跟福田堂叔一起玩。"随即掏出十块钱给福田，福田立刻就忘记了难过。

吃完饭，福田等着我一起去买摔炮。我实在不想和他待在一起，害怕自己也变傻。突然，我想看看福田究竟有多傻。我从兜里拿出了五张一块钱的人民币，对福田说："哎，你看你有一张钱，我有五张钱，我们交换吧？这样你还多了四张。"

福田看看我手上的五块钱，又看看自己手上的十块钱，想了一会儿，小心翼翼地问我："那你不是会少一些吗？"

我说："没事，你不是要买摔炮吗？钱多一点儿比较好买。"

福田点点头，很开心地把十块钱给我，收下了我那五张一块钱的人民币。

福田还有个妹妹，比福田乖巧很多。我也偷偷问过爸爸，那个比我小很多岁的姑姑也是近亲结婚生育的吗？爸爸说因为福田的关系，小姑姑是小爷爷他们收养的。

因为知道了福田的秘密，初中的我自然而然就跟小姑姑走得近了。我拿着到手的十块钱对她说："你看，我拿五块钱换的。"

小姑姑那时还在读小学五年级，看我居然能赚那么多钱，很是羡慕。

我说:"我拿五张一块的跟福田换的,他那还有五块钱。"突然我灵机一动,问:"你有没有五毛钱的?你拿六张五毛钱的,跟他换五张一块钱的,他肯定会同意。"

小姑姑一听可以立刻赚两块钱,开心死了。翻箱倒柜才找到四张五毛钱,死活凑不齐六张。我又出馊主意:"你去试试,求求他,没准同意了呢?"

小姑姑也是演技派,打着妹妹的旗号,四张五毛钱换了福田五张一块钱。

福田乐呵呵的,我们也乐呵呵的,一点儿愧疚也没有。

第二天是大年初一,一大早孩子们就给大人拜年,就是要拿到那个等了一年的红包。福田也是,跟着磕头,家里给小孩的红包都是五十块一个,福田不一会儿就拿到了好几百块钱,然后就消失了。

福田下午回来的时候,特别开心。他很主动地跟大家说:"我换了好多钱回来!"说着从兜里掏出一大把一块、两块的零钱,五块、十块的都很少。

小爷爷不明白什么意思。我一看,觉得福田完蛋了。

小爷爷问福田:"你这些钱是从哪里来的?"福田乐呵呵地说,是跟其他村里的人一家一家换的。

"那你拿什么换的?"

"红包啊。"

小爷爷把福田兜里的钱全部掏出来，数了数，只有六十多块钱。而他的红包里有十几张五十元钞票，总共五六百块钱。

那时一百块钱不是一个小数目，是福田一年读书的学费。

小爷爷问他具体是跟哪些人换的，福田说不上来。小爷爷气得给了他一个重重的耳光，那一巴掌就好像扇在了我的脸上，但血却是从福田的鼻子里流下来的。

福田被一个耳光扇蒙了，越着急越语无伦次，只能呜呜地哭。

小爷爷问福田："是谁让你这么做的？"

福田流着鼻血捂着脸哭着说："我换回更多的钱了啊，为什么要打我？"

我和小姑姑大气不敢喘，更不敢主动说是我们把福田给害了。

爸爸扯住小爷爷，小爷爷也很无奈，谁让他生了一个这样的儿子呢？

本以为福田的鼻血流一会儿就能止住了，谁知道一直流一直流，怎么止也止不住。

大家慌了神，赶紧联系车把福田送到县城的医院里。我躲在爸爸后面，听他跟不同的人打电话，什么都不敢说。

那一天，我才知道小爷爷生福田之前还有一个大儿子，同样因为近亲生育，大儿子天生带着血友病，一旦流血，就很难止住。他六七岁时，不小心摔倒，最后因大量出血死掉了。后来才生了福田。

血友病最怕的就是出血，福田那一次流鼻血就相当于去了一趟鬼门关，折腾了两天才止住。

他从县城医院回来之后，我很想主动打招呼，却又怕大人看见。

我特别不好意思，但又不知道该怎么道歉。

等到福田一个人又准备出去逛时，我趁着没人，追上福田："福田……呃……福田堂叔，这个给你。"我拿出了自己的二百块钱。

福田不肯要，还问我为什么要给他。我解释他也听不懂。

我想着他因为上了我的当，损失了好几百块钱，还因此挨了一个大巴掌，差点儿活不过来，便越发前言不搭后语。实在没办法，只好向小姑姑求助。小姑姑哭丧着脸给福田道歉，福田立刻就乐呵呵的了。

小姑姑比我了解福田，她让福田拿出他的存钱罐，说我要帮他存钱。福田这时才明白，立刻从房间里拿出存钱罐，让我把钱放进去。

存钱罐里都是各种零钱，我问福田存那么多钱干吗。

福田不好意思地笑了，挠挠头说："以后娶媳妇用。"

"这么早就存钱了？"

福田说："钱越多，娶的媳妇越好。"

我也不知道谁跟他说的这个道理，当时听起来好荒谬，现在想起来，对福田来说，好像也并非离谱。

总之，经过那一次，我深刻反省了自己，又发了一次誓——小时候常常喜欢发誓,把誓言看得很重,每一次都信誓旦旦的。

我发誓的内容是:再也不欺负福田了。虽然已经发誓不叫他堂叔,但那并不会影响我和他的关系。不叫堂叔,更像朋友。

那次走了之后,我听说隔壁村子的年轻人围着福田准备狠揍他一顿,幸好被亲戚看见了,不然一出血肯定完蛋。我问为什么他们要打福田,爸爸说因为他们又拿着零钱去逗福田换整钞,福田一生气就冲上去打人家。

因为中考,过年回老家也少了。但那几年,我总是想起福田,想起我干的傻事,如果福田真是因为我的错误而离开,我可能一辈子都有阴影吧。

那几年,有好看的动画片我都买两套,我一套,他一套。好看的漫画书就算看完也不借给别人,打算过年的时候带给他看。

爸爸给我买了一个相机和两卷胶卷,拍完一个之后,我留着另一个。福田很喜欢拍照,他唯一照相的地点就是县城里的照相馆。他看电视的时候曾说:"我也要拍一张好看的照片,放在钱包里。"

爸爸问:"你怎么突然什么事情都想着福田了啊?"

我很尴尬,硬着头皮说:"反正我也不喜欢,干吗浪费?"

"反正我也不喜欢,我想着不能浪费,所以就给你带来了。"又一年过年,我对兴高采烈的福田说。

我也不知道自己为什么不能直接和他分享,也许是怕被别人看出内疚。

"走,我给你照相去。"我举着相机,朝福田晃了晃。福田可开心了,像个小孩一样手舞足蹈,说:"照相去喽,照相去喽,你等一下,我上去换件衣服。"

那时我很羡慕福田,因为他这样的人随时都很开心,不用去思考成长中必须面对的那些艰难,比如同学之间的关系,比如对未来的规划,比如应付父母对自己的期望。这些福田都不会想,似乎,他只需要好好地活着,对谁都可以不负责任。我很羡慕他,单纯地羡慕他,羡慕他可以成绩不好,但大家能理解;羡慕他可以犯错误,大家也能当作什么都没发生。

"我们去水塘南边拍照好不好,那里有水。"福田往前面带路,我和小姑姑跟在后面。

一卷胶卷只能拍三十张照片,福田什么都想拍,又想拍田埂上的花,又想拍路边懒洋洋的狗,又边走边回过头来比一个手势,希望我能给他拍。

这时,小姑姑看到路边有一棵长得很挺拔的树,希望能靠在上面拍一张。我看了看四周,打算爬到旁边的坡上给她俯拍。

没有想到山坡上的泥又滑又松,我一脚踩上去便打了滑,整个人重重地仰面摔倒，从坡上滚了下来，手里的相机整个飞了出去，掉进了积着水的烂泥潭里。

福田赶紧跑过来把我扶起，然后很着急地站在泥潭旁边，不知道如何是好。我看着整个相机都淹没在了烂泥潭里，觉得相机肯定毁了，就对福田和小姑姑说："算了，相机肯定坏了，捡上来也没用了，而且那么远，怎么捡得着。"小姑姑觉得是因为她，相机才坏掉，默默地流眼泪。福田则很焦躁地走来走去，怒气冲冲的样子。

回到家之后，爸爸问我怎么了，我说因为自己不小心，把相机掉进了泥潭里。说着的时候，没有人注意到福田在杂房里换上了去田里挖藕的连体防水衣。因为是冬天，衣服又多又厚，穿不进防水衣，福田就脱了外面的大衣和毛衣，只剩了一件秋衣，然后套着防水衣就出去了。

等他回来的时候，浑身冻得发抖，右手拎着沾满了泥巴的相机带子，还一路滴着水。大家都骂他傻，我也骂他傻，小奶奶赶紧烧上热水让他好好洗个澡暖和暖和。

我又生气又心疼，真是傻到家了啊。

大家围着火炉烤火，你一言我一语在聊福田。

一个亲戚说：小时候，小爷爷去县城卖东西，让福田在一个地方待着等他，小爷爷卖完东西后就忘记了，自己径直回了家。回到家才想起福田没有回来，这时已经凌晨两三点了。等再回到县城，去到那个小爷爷让福田等的地方，发现福田蜷缩在地上靠着墙睡着了……

还有亲戚说：有段时间福田每天都躺在床上，怎么也不肯起床，一开始以为他生病了，后来发现他没病，拼死拼活把他拽起来后，才发现福田的被子里藏着十几个鸡蛋。因为不知道听谁说的鸡蛋可以孵出小鸡，他就偷了好多鸡蛋放在自己被子里孵……

所有人都哈哈大笑，我也跟着哈哈大笑。

福田对我来说就是一个奇怪的存在，一开始是长辈堂叔，后来是害怕被传染低智商的敌人，再后来是想好好爱护的朋友，现在又变成了全家人的笑料。

他和我们都不一样，也许并不需要我们的理解吧。

福田洗完澡，站在厨房的门口很神秘地叫我过去。

他笑嘻嘻地看着我，一直看着我，当我问他"干吗"的时候，他突然把手从身后伸出来，掏出一个东西吓了我一跳。

相机已经被他洗得非常干净了，机身上一点儿泥巴都没有，相机绳也洗得很干净，不说的话，没有人能看出相机掉进过泥潭。唯一的破绽是，机身一直朝外滴着水。

"嘿嘿，你看，我洗得干不干净？你看，是不是和新的一样？"福田扬起头看着我，一副很得意的样子。

我看着那个相机，又看着他的表情，我突然觉得鼻子一酸，眼泪就流出来了。福田一愣，问："你怎么哭了？"我擦擦眼泪，说："没有，就是隐形眼镜太涩了。"

我接过相机对他说："谢谢你啊，真的跟新的一样。"

福田很开心地说："我认真洗了几遍，还用刷子刷了。"

我问他："你还要不要照相？"

他说："要！"

我陪着他拍照，再也没有提过只能拍三十张照片的事，只要他摆好姿势，我就认真拍。

我看着远远的福田，觉得那一刻我比任何人都懂他。

他根本不是一个没有智商、不善思考的人。相反，他是一个真真正正在自己的世界里用所有的热情去爱别人的人。

他听信任何人的话，从未怀疑。

他相信只要自己努力就能孵出小鸡，就能给予它们新的生命。

他把相机刷干净，让它恢复成以前的样子，他相信我一定会开心。

他比我见过的大多数人，更希望别人好。曾经的我以为，他只要没心没肺地活着，对谁都可以不负责。其实他每天活得比我们更认真，因为他想对每一个人都负责。

后来，我、福田还有小姑姑都长大了，家里免不了会聊到福田结婚的问题。我问福田："你的钱能不能借给我啊，我以后挣更多的钱还给你。"福田摇摇头,断然拒绝,他说:"我的钱是娶老婆用的,谁都不给。"我听后哈哈大笑:"好的好的,祝你早日娶到一个好老婆。"

坦白讲,要给福田介绍对象不是一件容易的事,正常姑娘都不会嫁给他,愿意见见面的姑娘,身体又总是有一些缺陷。

这件事越拖越久,最后村子里有人给福田介绍了隔壁村子的女孩,对方父母也是近亲结婚。媒人说:"虽然傻是傻了一点儿,但做事跟正常人一样。"

那天是大年初二,福田起得很早,穿得很帅,意气风发地跟着小爷爷他们出去了。还没到中午,福田就回来了,怒气冲冲地,一进院子就大骂:"为什么要给我介绍一个傻子?!我不要娶一个傻子当老婆!"

然后他在院子里拿起各种东西乱摔,搞得鸡飞狗跳。

换作以前,如果看见福田说"为什么我要娶一个傻子",我一定会笑出来。

那一天,我远远地看着福田,虽然他的智商只有十几岁。但他毕竟25岁了,像个真正的男人了。摔着摔着,他自己就蹲在院子里哭,我过去劝他,他呜呜地一边哭一边说:"我一直被人说成傻子,我不想再娶一个傻子老婆,我不想再生一个儿子也是傻子……"

福田不傻,只是有些事情凭他自己一个人想不明白。

福田不傻,他知道自己哪些地方做不到,使了劲也不行,能力不够。

而那一次，是我最后见到福田的样子。

后来我在北京稳定下来，很少回郴州，更少回老家。

有一天老家来人了，我突然想起福田，问福田结婚了没。

老家人摇摇头说："福田啊，前两年走了。"

走了？什么意思？我愣了一下。

老家的亲戚说他在楼顶帮晒黄豆，不小心踩空了，从三楼摔下来，血流不止。后来去医院抢救也没用，伤口太大，血根本止不住。就这样走了。

我问爸爸是否知道，爸爸说："知道，那时你在外地工作，就没有告诉你。"

后来听说，福田走的那天，小姑姑去看他，他一直说着："存钱罐……存钱罐……"因为离家太远了，没办法回去拿，可家人怎么劝都没用，福田一直吵一直吵。等福田走了之后，家里人去收拾福田的东西，发现他房间里的一个存钱罐变成了两个，一个写了自己的名字，一个写了小姑姑的名字。那时大家才反应过来，写小姑姑名字的存钱罐是福田把自己存了二十七年的钱分了一大半给小姑姑结婚用的。

那天，所有人，尤其是小姑姑，都哭成了傻子。

回忆起福田的时候，爸爸说，有一年，山路泥泞，爸爸他们开的车进不来，只能把车停在进山的路口。晚上打牌的时候提了一句"担心车放在外面不安全"，当时谁都没当回事。第二天一大早，大家看见福田抱着一大堆被子和尼龙布回来，便问他去哪儿了，福田说："昨天哥哥怕车停在外面有事，我就在车的旁边睡了一晚，好冷哦。"

现在想起来，其实，福田一点儿都不傻。

他只是太好了。好傻，好傻。

后来

事情已经过去了好些年，每次回老家提到福田的时候，爸爸总会说起一些关于他的新故事。每次听，都觉得很想哭，觉得过去没有珍惜福田的好。爸爸说福田离开前的最后那几年，身上总会带一个本子，每次听到大家说什么成语，就记下来，不明白意思就回去查字典，然后自己也用成语说话。福田说用成语说话显得很像大人。

你看他，做的每一件事，说的每一句话，都没有任何掩饰，让人一眼就能看到他的心思，听懂他想说的话。他是一个如此透明的人，和他交往丝毫不费心力。有时我会觉得做一个傻子多好，不纠结、不计较，自己活得快乐，还被那么多人喜欢。而福田为了让自己变得更好，那种没皮没脸、奋不顾身的态度与决心，每每想起，也让我很羡慕。

你还记得吗

这是我参加工作之后的第一位领导,辞职,工作,北漂,相遇,到今天写这段文字时,我们中午刚一起吃过午饭。时间会改变很多事情,也会改变很多人,但有的人哪怕过了那么多年,你还记得第一次遇见他的样子。

1

和小曦哥再见,是在六年之后。

他听说我在厦门见了我们之前共同的领导张老头,也听说我远远地看到张老头便眼含热泪去拥抱。他带着一股极浓的醋味在微信里问我:那你想见我不?那你看见我会哭不?

六年前,张老头从领导岗位离职回福建,有了孩子,创了业。小曦哥跟着他一同回了福建,不知道什么原因,两年前小曦哥又独自一人去了上海创业，所以他和张老头，我都有六年未见了。

我看见微信上那两个问句，想了想，权当安慰他：我也很想见你，我见到你也一定会忍不住哭起来吧。

他立刻回复说：那好，那我们下周就见一下吧？

小曦哥是我进入传媒行业的第一位领导，也是我大学时同学院的师哥。

没进电视台之前，我就听说有个师哥很出色，长得帅，打篮球棒，是湖南广电最年轻的节目制片人……没想到进入电视台之后，居然被分配到了他的节目组——筹备一档互动类型的闯关答题类节目。大概的意思就是观众来参与民生新闻的答题，闯关性质，答得越多，奖金越高。

在他跟所有人形容完这个节目之后，大家都觉得超级棒，拥有全宇宙最有竞争力的几个内核——民生新闻的内容、闯关综艺的刺激、上万奖金的诱惑、普通老百姓的互动……每一个元素都能获得超高的收视率。

我们一群大学生没日没夜地跟着小曦哥筹备节目，奋战了好几个月，录了几期样片都没过关，然后台里正式通知：好了，你们的节目研发资金花没了，你们可以解散了。

这个"噩耗"是一起入职的同事吃午饭时告诉我的，据说团队的人都要分到台里其他节目去，人人自危。变更岗位其实无所谓，因为没日没夜地熬着看不到希望，而分去一个固定的节目,好歹不用再用"临时节目组的编导"的身份来介绍自己了,唯一舍不得的是大家彼此的感情。

刚吃过午饭回到台里,小曦哥找我,平时他不怎么爱搭理我,所以我紧张得要命。他特别谨慎地说:"我决定带你去台里的娱乐资讯节目《娱乐急先锋》。"

我一惊。那是娱乐频道收视率最高的节目,我们团队不是失败了吗?我都做好了被台里打入冷宫的准备,没想到居然能跟着制片人去最好的节目。我偷偷观察了一眼小曦哥,他很冷静,一副从小被叫惯校草的表情。他说:"不要跟其他任何人说,你有这个心理准备就好。"

我人生中很少听到有人对我说"不要跟其他任何人说"这句话,那时我知道,如果有人跟你说了这句话,就意味着他不把你当其他人,而是自己人。

我是小曦哥的自己人?我很兴奋。但是我去做记者了,那他呢?

小曦哥似乎看出了我的疑惑。他接着补充了一句:"哦,我是过去接管这个节目的,嗯,也是制片人。"最后补的那句话,嘚瑟中满是激动的喜悦。

后面的故事惊心又动魄。

在《娱乐急先锋》的日子,每天上班就等着前一天晚上的收视率报表,高了就兴奋五秒,然后立刻投入更高收视率的制作中;低了,就转身讨论为什么昨天的内容那么差劲。

如果没有小曦哥,我也不会被逼成今天这个我吧。

那时,我负责一个选美节目的宣传,就在娱乐节目中开了个五分钟的小版块,每天介绍一位漂亮的女孩直接进入省内每年最大选美比赛的复赛。这个小版块要自己写流程、自己出镜、自己剪辑、自己配音,然后要赶在每天晚上七点直播的时候把节目带子送到播出机房。

很多人一听,觉得一个中文系毕业的学生,工作还不到一年,居然就能应付这种强压力的工作节奏,很厉害。

实际情况是:主持人播报完当日的头条之后,就会说:"好了,今天看看我们的记者刘同究竟又给我们找到了什么样的美女呢?"这时小曦哥就会头戴耳麦很冷静地说:"他的片子还没有剪完,先播几条新闻。"主持人就特别尴尬地对着镜头说:"啊哈,看来今天的女孩太漂亮了,他正在机房做最后的修改,那我们先看两条别的新闻。"

播出别的新闻之后,整个机房就会出现小曦哥的咆哮:"你们赶紧让刘同把带子拿过来!再不过来就开除他!"然后我就拿着带子嗒嗒嗒快速地奔进直播机房。

又有人说:"哇,那也挺不错啊,每一次你都能赶上直播。"

实际情况是:我们的直播节目三十分钟,有时候把所有的备播新闻播完之后只剩五分钟了,我的带子才拿过来。眼看就要到节目结束时间了,小曦哥心急火燎地问:"你这个版块还有多长时间。"我很不好意思地低声说:"播完这五分钟,还有八分钟……"

我一直没有被开除,我以为是因为我总能在最后关头交上带子,也以为是因为这个版块极其难做,开除了我没有别人能做。

后来才得知,实际情况并不是这样的。

有一次在台里,远远地就听到大领导很大声地在办公室呵斥小曦哥,大概的意思就是我做的娱乐节目太差劲,要把我开除。

我站在门口不小心听到的时候觉得人生即将全黑了,然后听到小曦哥很认真地说:"这个刘同吧,他大四的时候写过一本小说,十五万字的小说,连写了一个月,每天十几个小时一动不动。如果他都做不好娱乐节目,我觉得其他人也很难做好了。"

我红着眼睛悄悄地离开,那一刻我暗自心想,如果再做不好,就太对不起他对我的信任了。

可第二天一醒来,节目的各种毛病依旧存在,点一点,一个都没有少,个个在那里虎视眈眈。

每次节目播出,小曦哥听见我肤浅的配音——说着"这个女孩多美多美"的时候,他都会很生气地吼道:"你当我和观众瞎了吗?"

就在我觉得小曦哥要被我彻底整崩溃的时候,半夜十二点下班的我约见了第二天的拍摄女主角,我先彻底崩溃了。

报名的观众形容女孩长得像玉兰油广告的女主角,而我到了现场,见到了真人,我在心里骂了自己十分钟。现在想起来,这么做特别以貌取人,但那时心里唯一的关注点是:第二天的工作我该怎么交代!!!

第二天早上八点就要拍摄,临时根本找不到替换的拍摄对象。我坐在那儿,眼神无助地看着女孩,心中绝望地想着,自己将如何被小曦哥放弃。

第二天直播的时候,我惴惴不安地拿着节目带子播出了。

小曦哥眉头皱了起来,说:"今天这个选手如果观众还觉得不够美的话,你就不要出现在我面前了。今天这个到底怎样?"

我想了想回答:"你看看观众怎么说的吧。"

电视里,熙熙攘攘的商业步行街,配音简单介绍了一下女主角,然后拿出了一块题板,上面写着:鼻子像刘嘉玲,眼睛像梁咏琪,嘴巴像舒淇,脸形像郑秀文……

接下来所有的镜头都是在女主角的肩膀位置拍摄,一个一个见路人,让他们给选手的五官投票。

小曦哥一开始觉得蛮有意思的,自行脑补了一个刘亦菲的画面。然后一分钟,两分钟,三分钟过去,画面里全是路人们的嘴在喋喋不休地对着女选手进行评价。小曦哥眉头又开始紧锁:"你到底什么时候给我看她的脸?!"

我说:"快了快了,马上统计数字就出来了。"

题板上出现了多少人投鼻子,多少人投眼睛,多少人投嘴唇……

整个版块时长五分钟,到四分五十秒的时候,配音说:"好的,既然大家评价那么高,我们来看看女孩究竟长得怎样!!!"

一个镜头摇过去,女主角跟大家打了一个招呼,还没有看清她的脸,配音就出来说:"谢谢大家,明天再见。"

直播室空气凝固了,主持人也凝固了,大家都不知道在这种情况下应该说什么,观众们应该在家里砸电视机吧。小曦哥咬牙切齿地几次想说话,最后默默地低下了头。

我想,他应该看出来我尽力了。

第二天,收视率出来,那个五分钟版块本地收视率破了五,创了一个小新高。我不知道该高兴,还是该低调。悄悄地进了办公室,准备悄悄地离开。

他看到我,叫住我,说了一句:"节目很烂,想法很好。"

我一时没有听懂这句话的意思,既然想法很好,为什么节目很烂?又或者为什么节目很烂,想法会好呢?

现在想起来,那时的做法挺过分的,如果换在今天,可能有更妥当的不伤害当事人的方式。之后,我明白了小曦哥那句话,抛开选题本身的质量,节目其实可以用各种不同的思路做，只要你有你的逻辑，大家就能看得下去。

印象中，我在小曦哥身边好像一直扮演着"讨债鬼"的角色。

又有一次，选美大赛进入了二十强的总决选，二十位女孩的照片挂在巨大的户外广告牌上。我为了测验哪一位女孩有夺冠的可能性，于是在广告牌底下随机采访路过的行人。

也许是当时缺乏经验，每次行人表扬过某个编号的佳丽之后，年轻气盛的我就会把自己当成评委，吐槽该佳丽。比如："你不知道吧，她笑起来，牙齿很不整齐。""半身照确实还行，人只有一米五。""她有男朋友了，而且谈了很多年了。"

要命的是，我又赶在了直播时送播出带，小曦哥没时间审核，直接将节目播出了。

可想而知，每一秒都是在扇做选美活动同事的耳光，每一句点评都是在拆台里的架子。节目刚播完，台领导就冲下来发飙。作为一个能为下属扛事的领导，他只能硬着头皮跟领导说："我们是觉得，说一些大家听不见的声音，不要老说谁好看谁好看，用这样的方式，有可能观众更想看呢，比如故意说一个姑娘一米五，大家可能就想看她决赛的时候是不是真的一米五。"

小曦哥就是这样一次又一次，被我冷不丁绊个跟头，又因为我在背后被人捅一刀。眼看着，当年那个校草渐渐地一岁一枯很难荣。

再后来，我的身体出了些小问题，将近半个后脑勺的头发都掉光了，于是选择了辞职。等到身体好起来，又不好意思再回到小曦哥身边，就灰溜溜地去了以前同时段的兄弟节目。小曦哥觉得我是个"叛徒"，从那以后，我们两三年没有联系。

2

冉和小曦哥走近是我来了北京之后。

那时公司要制作的节目很多，希望能从各个电视台多挖一些人才，我自然就想到了小曦哥。当时小曦哥在湖南正风生水起，带着团队风风火火地制作新选秀节目。我在电话里跟他聊了聊北京的情况，他简单思考了一下，便答应过来看看。

后来我问："你是什么时候决定要来北京的？"

他说："你傻啊，我说我要过来看看的时候，就基本做决定了。"

也是。如果一个人对一件事一点儿都不抱希望，应该是直接拒绝，根本无须考虑。

我俩在光线共事了大概有三年。

我们都是没什么朋友的人，固定的生活便是工作、家里，工作、家里。小曦哥稍微比我好一些，他的生活是工作、运动、家里，工作、运动、家里。

有时加班到很晚，他会过来聊几句，但也许因为我是他一手带起来的电视新人，我们聊天也不会太深入，彼此内心总是隐约有些隔阂。

大概是我心里认为他是我的老师，不敢和他成为朋友。而他也觉得我还是小孩，不知道如何走进一个小孩的世界吧。

另一方面，我们又是公司不同节目的制片人。公司内部各个节目常常会相互比较，这样一来，我和他的关系就更微妙了。同样的嘉宾，我们两个节目都要请，如果都来或都不来，还好；最怕对方选择性地上节目，让我俩总会有些尴尬。

不知不觉中，我和他的师徒关系越来越淡，朋友关系也是，更多的反而是同事之间的竞争关系了。

很长一段时间，远远看见小曦哥和他的团队，我都绕道躲开。每次遇见，小曦哥都会用一种半开玩笑的口吻说："你们的访谈又要出什么幺蛾子博收视率了？"然后他团队的小孩们就会哈哈哈地一起笑起来。一方面他是我师傅，也是我兄长，我只能笑着给自己找个台阶下；另一方面，我不想让别人用这样的方式去看我的节目，所以干脆躲开。

那种感觉很怪。并不是不喜欢这个人，而是和这个人在一起的时候，总是很有压力。

从湖南来北京的时候，小曦哥有一个谈婚论嫁的女朋友，劝了她很久，终于两个人一起来到了北京。但有一天我得知小曦哥和女友分手了。我不知道该怎么去安慰他，潜意识里我总觉得是因为自己，小曦哥的感情才走到这个地步。

那天晚上十一点多，他还在办公室，我走过去，说了句："你和她分手了吗？"小曦哥抬起头，眼睛里都是血丝，沉默了一会儿，对我说："你就是个灾星，我一定会被你害死。当初直播节目，几次差点儿出播出事故，现在听你的来了北京，老婆没了，我'家破人亡'，你要对我负责。"

我们沉默了一会儿。然后一起哈哈哈，互相拍着肩膀，大笑起来。

这两个在北京没什么朋友，却希望能独自闯出一方天地的人，因为一件落魄的事，突然拉近了距离。

后来的后来，就如前文写的一样，他和张老头回福建创业，我们鲜有联系。微信流行之后，我们有了彼此的号码。很少聊天，不是因为没话说，而是不知道该说什么。他偶尔会给我点赞，都是我发正在运动或跑完步的内容。他说："小子，不错哟，下次一起约着跑马拉松。"

直到六年后，我因为出差来到了厦门，和张老头见面，才知道后来为什么他们创业到一半解散了，也知道小曦哥为什么去了上海。

3

大概三年前的一天,张老头工作的时候突然倒在地上,一群人把他送到医院,检查之后才发现张老头的脑血管里长了一个瘤。医生看了之后说只能再活三个月。小曦哥每天陪着张老头,创业的公司也无心再管。张老头说:"如果人的命真是如此的话,那就信命。"以我对他的了解,我觉得他一定会用福建普通话补充一句说:"我人仄(这)么好,怎么可棱(能)得仄总(种)病。"

张老头不允许小曦哥跟我们透露他的病情。一方面我们帮不到忙,另一方面他担心打扰彼此的生活。

后来复查的结果出来,瘤是良性的。医生从鼻腔进入进行手术,很成功。所以我才能在六年之后再见到张老头。

张老头感叹说:"差点儿命都没了,就想着别再拼了,认认真真过自己的生活,那时把公司解散,几个人凑在一起,分了些钱,讨论了每个人未来的发展,小团体就这么散伙了。"

他说得云淡风轻,我哭得一塌糊涂。

张老头安慰我:"别哭啦,一切都仄么好。"

我带着哭腔说:"如果以后你再生病,无论什么病,都要告诉我。"

张老头嘿嘿地笑,也许他在心里狠狠地抽了我一记耳光,这说的是什么话呢。

我想表达的是,对于一个很重要的人,无论如何,哪怕帮不到任何忙,都要知道他的消息,并珍惜在一起的时光。

小曦哥说周末飞到厦门来,让我和张老头做好准备。

互相通微信、打电话,约好地点见面,紧张得就像要见网友。

远远地看见他戴着棒球帽,好像什么都没变,又好像变了些什么。慢慢地迎上去,本以为自己依然会感动,可心里似乎堵着,什么情感都释放不出来。我们撞了撞肩,互相抱了抱,就当这六年的未见一笔勾销。居然没有一点儿眼泪,这太不符合剧情,我俩都很尴尬。

几个人坐在当地的小馆子里,我和小曦哥都没怎么看对方。张老头发现了,就问:"你俩怎么了?在我面前总问对方的消息,见面之后怎么又不看对方呢?"

我嘿嘿地笑,小曦哥也是。

我们打开一瓶酒,各自倒了一满杯,什么话都不说,直接干了。

其实我有很多话想说,只是我不知道从何说起,只想赶紧喝醉、掏掏心窝。

他和我一样,起了几个头,好像都不对,只能举起酒杯两个人再干一杯。

一杯一杯下肚，小曦哥的脸开始泛红。

他决定要说些什么，我放下杯子，终于敢正视他了。他比以前胖了一些，也有可能是壮了。

他认真说的第一段话是："刘同，你给张总寄了一本书，让我转交的，你还记得吗？"

我说："我记得。"

他接着说："你只寄了一本给他，你并没有寄给我。"

……气氛瞬间僵到冰点。

幸好我们都喝了酒，我想起了不给他寄书的原因——以前每次提到我的作品时，小曦哥总是会评价："刘同的书写的都是些啥，我根本看不懂。我真是不能理解他的读者，一定很需要耐性吧。"然后我就硬着头皮接着说："哈哈哈，是啊，我也不明白为什么，所以这才是我很感谢他们的原因吧。"

我本想立刻说明为什么会害怕给他寄书，又突然想起十几年前进入湖南台的时候，台领导认为我很糟糕要把我开除，小曦哥说的那段话："这个刘同吧，他大四的时候写过一本小说，十五万字的小说，连写了一个月，每天十几个小时一动不动。如果他都做不好娱乐节目，我觉得其他人也很难做好了。"

我突然就明白了眼前这个兄长。

他总是在我背后维护我的尊严，却又总是当着我的面开一些他认为无伤大雅的玩笑。

他接着说:"这一晃好多年,看到你今天的样子,我觉得一切真的很好啊。你还记得你刚参加工作的时候,我很喜欢下班之后带你们去KTV喝酒吗?整个团队,放开了喝。那时你年纪最小,大家喝开心了,就让你跳个舞。你二话不说,把外套一脱,就走到房间中间跳起来。"

哈哈哈,我记起来了。那时大家都很开心,好像如果我能够真的跳起舞,同事们就会更开心。为了不扫大家的兴,我一个中文系的毕业生欢快地在KTV跳了起来。头一两次,跳了十几秒后,自己就笑场了。小曦哥会很严肃地说:"你笑场是你没有自信,你坚持跳完,哪怕跳得不好,大家也会尊重你,因为你很投入。"

鬼知道那个时候,一个全湖南广电最年轻的娱乐节目制片人,为何要跟一个中文系毕业的娱乐新闻记者,在一个所有人喝到烂醉的KTV里,聊一个关于如何跳舞才能获得尊重的问题。

不明白,那时不明白,现在也不明白。

他说了,很认真。我听了,也很认真。

以至于后来有段时间,我天天在家里对着镜子跳舞。扒了一些快歌的舞蹈动作,练习了全套。我知道我未来在舞蹈界不会有什么发展,我只是希望以后小曦哥再让我跳舞的时候,我不会让他失望。

后来,我果然没让他失望。

到了今天，每年公司要开年会，同事们总是想让我扮演各种造型，我总是没有任何心理负担就答应出演。这种"豁得出去"的精神，都来源于在长沙KTV喝醉之后的一次谈话。

"你还记得吗？"
"你还记得吗？"
"你还记得吗？"
小曦哥喝了酒之后，反复用这句话开头。

"你还记得吗？有一次我们乘张总的车去看刘德华的演唱会，五点钟出发的，等刘德华演唱会快结束了才到。"

"那你记得吗？那天在车上，我们俩吵了三个小时的架，而且话说得很难听，另外一位同事坐在前面被我们吓得全身发抖。"

"哈哈哈。"是我。

"你还记得吗？张总刚来的时候，你来找我，很神秘地跟我说，要来一个新的领导，要联合我一起把新领导干掉。"

"哈哈哈。"又是我。

"你还记不记得，张老头连着半年穿同一件外套，没办法我们就陪他去买了两件替换的。有一天，他穿了一件特别'潮'的衣服来公司，外面是网眼格子，泛着蓝光，商标印在背后，特别好看。后来发现是张总把我们给他买的衣服穿反了。"

"哈哈哈。"还是我。

"那你还记得吗?"轮到我了。

"有一次在张总家开会,我和你意见不合,吵得很凶,你站起来拿起凳子就来砸我。张总那时才八十四斤啊,他居然冲出来救我……"轮到张老头哈哈哈了。

"那你还记不记得,那时我要做一场陕西卫视的演唱会,要找本土艺人演唱歌曲。你给我推荐了一个新人,说这个新人特别厉害,演了电影《投名状》,你说他是除了刘德华、李连杰、金城武之外的男四号,然后我就无比相信你。后来节目录完,要跟电视台一一汇报艺人的情况,同事看完了整部《投名状》,看见李连杰死的时候,这个人出来了两秒,就再也不见了。你那次害死我了。"

"哈哈哈。哈哈哈。"

"小敏的情况你知道吗?"小敏是小曦哥来北京前准备结婚却最后分手的女朋友。

小曦哥沉默了一会儿说:"知道。嫁到国外去了,自己在负责一个服装品牌。她和我妈关系很好,每次她和现任吵架还会跟我妈抱怨。她现在挺好的,起码比跟着我好。"

我突然就想起多年前,他哭丧着脸对我说:"你就是个灾星,我一定会被你害死。当初直播节目,几次差点儿出播出事故,现在听你的来了北京,老婆没了,我'家破人亡',你要对我负责。"

那天晚上,我们喝了一瓶又一瓶,带着一些醉意,却又不想结束。

吃完晚饭，又找了个酒吧，去完酒吧又换了夜宵大排档，一直聊到凌晨三点。张老头不能喝酒，只能听，就一直陪着我们坐到三点。

好多事我都忘记了，可是他还一直记得。

有些朋友你多年未见，你以为你只是失去了一个朋友，其实你是失去了很多的自己，他们带着很多对你的回忆、你的生活轨迹，听他们说说过去，你才更清楚，为何你成为今天的你。

小曦哥第二天晚上的飞机，我下午去送他，找了一个机场边的咖啡厅。坐在那儿，两个人又开始尴尬，好像又回到了昨天刚见面的状态。我说："要不，咱们趁你上飞机前再喝几杯吧。"

他说："好的。"

后来

每个人的人生中都会遇见一些贵人。

给你机会，带你成长，无论你犯了怎样的错误，他都会尽力帮你去解决。小曦哥对我而言就是这样一个人。

他带着我入行，给我机会，容忍我很多错误，又被我带入了北漂生活，帮我记住了很多我遗忘的往事。

那个我曾经听说很厉害的师哥，那个会打篮球、很帅、我很崇拜的制片人，十几年后和我坐在厦门机场旁边的咖啡厅里，我们干了两杯酒，续上了以前的回忆。

我知道我们不会再失去联系，哪怕我俩这一辈子都是这种只有喝了几杯酒才说得出话的关系。

后来的后来

距离写完这篇文章又过了一年，张老头的身体康复不错，又长胖了一些。小曦哥坚持做他喜欢的事情，有一档节目很有意思叫《吐槽大会》，小曦哥就是它的出品人之一。小曦哥劝张老头复出，张老头告诉我："好了，我要复出了，你们期待一下我这个老年人吧。"

一切都才刚刚开始啊。

生活可以比药苦,也可以比蜜甜

去年的某一天下午。

突然收到可乐一条微信:因为你,我变得更好了。

我发现,好朋友之间最常做的便是突然把最脆弱、最开心、最隐私的一面直愣愣地拿出来,摊在你面前。

他觉得你们是同类,你肯定懂为什么。

我回了她一个坏笑。

她又发来一条:你不是改变了我的生活,而是改变了我对很多事情的看法。

可乐大我八岁,我们相识十五年。

去年有一天,我们聊起彼此的生活与工作。她很困惑自己的人生。她毕业之后进入国企,一切都如想象中一样稳定:每天做着重复的工作,拿着相差无几的工资,与同样面孔性格的人打交道……

她对目前的状态习以为常,但内心仍有一丝隐隐的不甘,一辈子那么长,日子就要这样周而复始地过下去吗?

可乐在国企工作了十几年,如果真的下决心从这么稳定的单位辞职,在我们那个偏远的小城,绝对是一件惊天动地的大事。

做决定容易,让周围的人接受决定却不容易。

可乐跟部门领导提出离职之后,这个消息迅速就传遍了单位以及可乐生活的圈子。大领导立刻找她谈话,说单位正准备好好培养她,希望她不要辜负组织的信任。各种朋友发短信的发短信,打电话的打电话,纷纷表示关心和震惊。

习惯是种神奇的麻醉剂,你讨厌别人的地方,能渐渐习惯;不接受自己的地方,也能渐渐习惯。

习惯让人变得易于妥协,也让人安于现状,这并不是一件坏事,只是要改变一个习惯,不仅要说服自己,还要说服周围的人。

可乐面临的最大难题还是父母。她的妈妈听说这个消息之后,立刻赶到她家,先是暴怒,然后大哭,恨不得要给她跪下来。可乐也哭,她不能理解的是——她想让自己变得更好,让自己有更多的能力照顾家人,为什么没有人相信她可以。

在成长中我们常常要面临这样的问题,小时候父母不允许你做很多事,是因为怕你出错;后来毕业了,父母不允许你做很多事,是因为怕你不知道什么是对的;当你越来越成熟时,父母还是不允许你做很多事,原因变成:都已经这样了,挺好的,你为什么还要去冒险?

不敢冒险,才是人生最大的冒险。

最后妈妈给可乐撂了句狠话:"如果你辞职,我们就断绝母女关系。"

可乐红肿着眼睛跑来和我们见面,满脸战败后的憔悴与筋疲力尽。我和可乐认识十几年了,她从来都是一个女战士,在朋友中一直被叫大姐,大家出了问题她来调解,大家有困难,她出钱出力。城市不大,走在街上都是熟人,无论是否比她年长,大家都尊敬地叫她一声可乐。

可乐哭着说:"如果今天老娘没生孩子,我肯定和我妈绝交了。我妈这么逼我,我该怎么办啊。"她的睫毛膏不防水,一哭,纸巾一擦,就成了熊猫眼,再配着她无可奈何又咬牙切齿说出的这些话,我忍不住笑了。

"你看看你自己。"我把手机里的照片给她,她也笑了起来。

但我知道可乐是可以更好的。

早在认识可乐之前,她就是郴州某个小加油站的站长,被戏称为拼命三娘,连续通宵工作,从不叫苦喊累。很多朋友聊起那个时候的可乐,都打心眼里佩服。

"人一旦投入一件事,就会发现很多事都能做得很好。不管是加油、开票还是记账,多么琐碎的工作,都有那么大可以改进的空间。"

那时每个季度都要上交加油站的账本。每次上交之前,可乐就会花整整三天的时间把之前所有同事做的进账、存货账、销货账拿出来,自己从头到尾抄一遍。

每次领导检查到他们加油站的时候,都会被她账本的工整程度震惊。原始账本数字完全真实、上交账本数据完全一致、排版干净工整,所以可乐的账本总是会被集团报纸拍照进行全系统学习。二十出头,可乐就被升为加油站的站长。

我问她:"你年纪那么小,怎么管其他人呢?"

可乐说:"我不会管理,如果他们不听我的,我就自己做。我现在也是这样的,你又不是不知道。"

有个故事,很多人不知道,知道之后,细细一想,觉得也确实只有可乐才能干出来。

她当站长的时候,某天凌晨三点,有辆专门进行地质勘探的进口柴油车来加油。值班的加油员估计睡得迷迷糊糊,给这辆柴油车加上了汽油。司机发现的时候为时已晚,火冒三丈,恨不得要把加油站闹个底朝天。加油员早已吓到脸色煞白、不知所措。

那天刚好是可乐值班,她钻到车底想把油箱的油给放出来,由于这辆进口车很特殊,半天找不到放油的出口管。情急之下,可乐拿了一根吸管,插进油箱,自己用力吸了一大口汽油含在嘴里,剩下的油就这样全被引流出来了。

她把一系列动作完成时,司机和加油员都当场傻掉。加油员赶紧去拿了一大杯水给可乐漱口,司机想说什么,张了半天口,一句话都说不出来。最后走的时候说:"小妹,不是老哥为难你,我也是着急。放心,老哥交定你这个朋友了。"

第二天,这个司机把整个车队几十辆车都叫过来加油。

朋友说:"你知道吗?那时无论上级单位给每个加油站布置多少加油的任务,可乐总是第一个完成的。她换了六个加油站当站长,她去哪儿,就有几十辆车一直跟到那儿加油。"

辞职的事情并没有困扰她太久。

她手机一关,换了号码,切断所有联系,独自开着车去老家的山里,去做她想做的事——找当地蜂农自己酿制的纯手工蜂蜜。

那几个月,我们建了一个"可乐创业小分队"鼓励群,她每天都在群里给我们普及各种蜂蜜的不同与功效,偶尔我也会问一些特别愚蠢的问题,比如:为什么以前我吃的蜂蜜很甜,现在收到她寄的蜂蜜没那么甜?她说那些很甜的蜂蜜大多数是兑了白糖,蜂蜜本来就不是特别甜。

她拿着蜂蜜去质监局鉴定，给周围的朋友挨个送蜂蜜试吃，一个人满世界去找更方便的包装来保存蜂蜜，租了地下室的车库当办公室，包上头巾，上上下下地粉刷墙面。

她说："以前在单位忙前忙后好像都是为了讨好各种人，现在忙前忙后全都是为了自己，好久没有这么充实了，过去的十年好像一点儿压力都没有，过一天算一天。现在每天都很期待第二天到来，因为你不知道可能会发生什么。"

正式辞职那天，我收到了可乐给我发来的长长的一段话。

同同，我今天辞职了。

十年前，朋友让我跟他一起去深圳开外贸公司，因为父母不同意，我选择了放弃，而现在他的公司已经开到澳大利亚去了。

四年前，朋友在南方开公司致富，回到郴州开酒吧，给我股份鼓动我辞职过去帮他，因为家里人反对，我又选择了放弃。

现在，我有了小孩。

这些年，我看到身边太多不能坚持自己的梦想而平庸生活的人，我特别不甘心像他们一样。

我知道这一次如果我再不改变就不行了，再也没有机会改变现在的生活状态了。所以我今天辞职了。

在国企工作的这些年，我觉得憋屈，不管是我的能力，还是对事情的执着，我都不应该是现在这个样子。如果不放弃现在的工作，我一辈子都改变不了现状。在决定辞职之前，就像你知道的那样，除了你们几位，我遭到了几乎所有亲朋好友的反对，他们都让我好好想想再做决定。我妈甚至要跪在我面前让我放弃辞职，可越是这样，我越是坚定了自己的做法。

你知道的，我从来都羡慕为梦想去奋斗的人，所以我要加入他们。身边那么多人不能成功是因为他们不敢为自己的梦想付出。

同同，你觉得呢？

我把这段文字发在了微博上，收到很多留言。

有人感叹："有多少人的梦想是被亲情扼杀的。"

也有人反对："都是被其他人所谓挣了更多的钱刺激到了，年轻时贪图国企轻松稳定，老了又嫌钱少，真是作。"

还有人说："金·凯瑞有段演讲很好地回答了这个问题：'我爸爸的梦想是当个喜剧演员而且有天分做到，但为了保险起见选择做了一个会计。结果我12岁的时候，爸爸被解雇了。即使是你不喜欢的选择你也有可能失败，为什么不去冒险做你想做的事情呢？'"

每个人在自己的角度说得都有道理，而可乐目的很单纯，只是想过更好的生活，她后悔了，也愿意为后悔买单，在我看来，这挺好的。

一年的时间很快就过去了。

我在北京忙着自己的工作，她在郴州忙着自己的网店。

一年即将结束的时候，可乐发了一条微博，说了这一年的感受。

从辞职到月底，时间刚好满一年。半年前，我开了一家纯手工的蜂蜜店。从那之后，我的生活变成了三件事：找纯手工蜂蜜、卖蜂蜜以及听天南海北素未谋面的顾客因为信任我而说的故事。

有人说网店的logo（标志）好土，希望我换一下，但那是我儿子画的，给我带来了好运。有朋友说，我们的瓶子太简单了，不高级，我找了很多瓶子，这一款倒蜂蜜的时候最方便，也便宜，进价不到一块钱。

最后给所有关心我的人汇报一下，半年前开店一共收到了241条评价，其中好评238条，中评3条，现在是钻石级卖家，店铺粉丝1039人。我挺好的，希望你们也是。

简单的叙述，却让我莫名感动，我转了这条微博，我说："她辞职是我鼓励的，所以今天看到她有所改变，我也觉得开心。希望每个人都能有改变自己的决心，以及找到新的自我价值。我无法雪中送炭，但尽量锦上添花。"

尤其是当我看到可乐的儿子豆豆画的那个"难看"的手绘草莓标志的时候，更是感慨万千。

其实当初我支持可乐辞职，除了她的梦想，还有一个更重要的原因，和她的儿子豆豆有关。

豆豆生下来十二天被检查出心房未愈合有缺陷，之后得肺炎一直治不好，三个月大就要面临心脏的大手术，不仅花费昂贵，更有可能会留下后遗症。很多亲戚讨论的结果是劝可乐不如再生一个。

当三个月的豆豆被推进手术室的时候，嘴唇发紫，不停地哭，小手指紧紧抓着可乐的手，死活不愿意放开，似乎他也知道，如果这么一放开，也许就再也抓不住了。

被豆豆小手紧紧抓住的那一刻，可乐就发誓，哪怕倾家荡产，也要想尽一切办法让豆豆活下来，不仅要活下来，还要让他活得和其他小孩一样好。

幸运的是，豆豆的手术很成功，但可乐欠了很多外债。为了让豆豆有一个更好的成长环境，可乐顶着压力又借钱贷款买了一个属于自己的房子，从出租屋里搬出来的豆豆也越来越可爱、越来越精神。

现在的豆豆看着自己心脏的位置上那细长的疤痕，他也会问可乐："妈妈，为什么我这里会有一道疤？"可乐说："这是老天送给你和妈妈的礼物，如果没有这道疤，我们俩关系就不会那么好，你希望我们一直这么好吗？"豆豆似懂非懂地点点头。

女人很弱小，但妈妈很强大。

后来

这篇文章是几个月之前送给豆豆的礼物,他马上就要5岁了。当豆豆长大看得懂这篇文章时,肯定会爱死自己的妈妈吧。我也在幻想将来有一天,如果他不好好学习、不努力上进,我就把这本书摔到他的脸上,然后告诉他:好好看看,还不给你妈跪下来。哈哈哈。

这篇文章也是写给还很年轻的你们,也许今天的你还在读书,即将毕业,或是已经在职场奋斗了一些年,如果你想做什么,不要压抑自己,让梦想在你的心里慢慢发芽,等到有一天你充分了解了自己的优点,也相信未来的梦想是能靠自己的努力一点点去完成,而不是靠运气的时候,不妨试一试。

某次可乐去深山跟着养蜂人采蜜,发了一条自己被蜜蜂蛰的视频,获得了将近100万的点赞。受到启发的可乐开始把目光又投向了大山里其他等待被外界发掘的农产品。

这一切都在她的脚踏实地中越来越好。

如果你不放弃,心里始终燃着一点儿希望的火苗,等到机会到来时,点燃它,总有一天,你能改变自己。

我们的人生

只是为了

走上正轨吗

假使现在一个人能够活到80岁,一个人的一生按十二个月来计算划分,80除以12,也就意味着每一个月的增长是6.6岁。

那么24岁,相当于人生的三月中旬。

35岁,相当于五月初而已,连盛夏都不到。

40岁,也只是六月而已,还不到收获果实的季节。

我希望六月去游泳,七月去跳伞,八月去远行,九月做一件自己真正喜欢的事情,十月笑看人生的风景……

那么多想起来就很棒的计划,从现在准备都来得及。

我们一直等的,其实并不是机会,而是自己的成长。

当你真的准备得差不多的时候,你就会发现原来机会那么多,你要做的只是选择哪一个而已。

第三章　跟往事干杯

这些年，

身边每个人面对生活都有挣扎、困惑、无助、委屈、不服，

可每个人面对未来又都坚韧、相信、努力、坚持、奔跑。

进入一群人当中，会有对比、失落、自卑、迷失，

可抽身而出的时候，也能明确地告诉自己要的是什么，

追的是什么，想成为一个怎样的人。

我不怕我偶尔会难过，因为我很清楚道路还很长；

我不怕我偶尔想放弃，因为我很清楚那只是自己一时的无力。

一碗西红柿鸡蛋汤

有些陌生人，你想起就温暖。也是因为陌生人给你的这些温暖，让你觉得这个世界挺好的，你也就能鼓起勇气去面对很多的未知。谢谢这些陌生人，让我们在最孤独的时候，觉得自己并不是一个人。

刚参加工作的时候，仍在大学附近租房子住，房租便宜，连带着饭钱也不贵。

住的小区有几家一层的临街小饭馆，客人都挺多，刚搬过来那天，一家一家地转，转了好几个来回还没有定下来选哪一家。

我妈看见我这种样子肯定会碎碎念：死孩子，那你就一家吃一顿，最后看看哪一家好吃，然后一直吃下去不就行了吗？

从天光微暗到天色全黑，我颇有兴致地一圈一圈转着。

粗看起来，几家小饭馆的摆设都差不多。一台电视机挂在餐厅里，谁想看谁就遥控。灯光大都是白色的，只有一家选择了黄色的灯光，略显昏暗，并不亮堂。我后来问老蔡为什么，他说："有一天，有个学生说，在黄色灯下吃饭，感觉像回了家，于是我就换了。"

老蔡是其中一家饭馆的老板。当初选择他家做长期食堂的时候，并不是因为他，而是因为他的女儿。

老蔡的女儿五岁左右，经常坐在饭馆的门口洗碗，所有的碗都一模一样，她看着桶里的碗，又看着手上的碗，再看看桶里的碗，再看看手上的碗，整个人突然就静止下来，坐在那儿开始发呆。

她眉头紧锁，一定遇见了特别为难的事。

只见她冲进屋里，找来一个新的桶，把手上的四个碗按顺序一一放好，又迅速把四个碗按次序一个一个洗干净，擦干，摆好。再跑到妈妈收钱的柜台下面拿出一小瓶油漆和一只小毛笔，开始在每一个碗的底下写字。

哦，那时我才看明白，估计她是在给这些碗做标注。我站在远远的地方看着她，笑了起来。我走过去问她："小妹妹，你为什么要在碗上写字啊？"

她头没有抬，一边写一边说："这样就可以知道是谁的碗了。"

"那么多碗,为什么你只写这几个?"

"是今天几个姐姐的碗。"小蔡写完歪歪扭扭的字抬起头看着我。

我问:"如果哥哥也在你们家交一个月的伙食费,你能不能给哥哥的碗也写一下名字啊?"

"好啊,现在就给你写。"小蔡风一样地跑进去,又风一样地跑出来,手里拿着一个碗。

因为小蔡,我成了他家的订餐顾客。

包月每餐一个炒荤菜,三块;如果一荤一素,五块。

如果不是包月的顾客,一荤一素两个菜要七块。

每餐节约两块,学生带学生,老蔡的小饭馆生意一直挺热闹。

老蔡热情憨厚,小蔡聪明伶俐,相比之下小蔡妈妈略微吝啬刻薄。

说刻薄也是当时的感受,现在想起来,如果那个小饭馆不是因为有了小蔡妈妈,也许倒闭得会更快。

灶台边总有学生站在一旁等自己的菜出锅,老蔡每次准备放荤菜时,学生伢子们就会在旁边喊:"老板,多放一点儿喽,不要那么小气嘛。"每次有人这么一说,老蔡就尴尬地笑一笑,顺手多抓一把肉放进去。

这时小蔡妈妈就会很生气地冲过来,对老蔡说:"你疯了啊,一个菜才三块钱,又要肉又要油又是免费米饭又要交房租,你这么搞我们还要不要做生意了?!"

小蔡妈妈发飙的时候，学生们就赶紧一吐舌头做个鬼脸纷纷溜走，留下老蔡一个人很无助地被小蔡妈妈劈头盖脸骂一顿。我也听见过老蔡的辩解："好啦，以后我们的女儿如果在外地上学，要炒个菜的话，有老板这么对她，我们也放心对不对。"

"对对对！！但我们就一个女儿，现在我们有五十多个包月的顾客，每个人都这样跟你说，我们怎么吃得消！要么就取消包月，要么你就老老实实做生意。"小蔡妈妈脑子转得好快。

"小蔡，妈妈平时是不是很凶啊？"我偷偷逗小蔡。

"不是啊，妈妈凶是有原因的。"小蔡急着辩解，我看小蔡妈妈走过来了，赶紧假装什么都没有发生，闭嘴吃饭。

常有同学不能按时交包月的餐费，他们总会偷偷地跟老蔡求情，递上一支烟，什么都好解决。但自从被小蔡妈妈发现两次之后，她就气哼哼地在大大的黑板上写了一行字：本店小本经营，恕不赊账！

黑板出来之后，赊账的人果然少了。我跟老蔡说："老板娘真是厉害，把问题放在面上解决，你看，果然没人赊账了吧。"老蔡呵呵地笑笑，说："她就是会做生意。"

有一次，连着几天吃饭的时候，有两个男学生总要剩一些菜拿一次性饭盒打包，然后再装一大盒免费米饭，估计是害怕小蔡妈妈看见，所以总是等她出去结账的时候再赶紧打包米饭。连着一个星期，还是被小蔡妈妈撞见了，她问怎么要打包那么多米饭，两个男同学很没底气地说晚上可以当夜宵吃。小蔡妈妈脸一横，让他俩坐下，说："别以为我不知道，你们已经连着一个星期都剩菜带米饭回去了，我只是假装看不见而已。"

男同学脸红了，支支吾吾不知道该说什么。

那一刻，我特想站起来帮他们把钱给付了，但因为刚实习工作，来回车费、房租、餐费，开销不小，剩余的零花钱根本为零，尚处于入不敷出的状况。但我还是竖着耳朵听，一旦小蔡妈妈不允许他们再带米饭回去的话，我就说从我的包月里扣。

那边的男同学很沉默，小蔡妈妈也一直没有说话。

过了一会儿她问："那个小赵呢？以前都是你们仨一起来吃饭，现在怎么只剩你们俩了？"

两个男同学面面相觑，不知道她问这个问题的目的。

"你们说，你们每天打包剩菜回去，是不是给小赵吃的？"小蔡妈妈问。

"啊，我们，不是，是夜宵。嗯，那个，是的。"语无伦次中，男同学承认了是给小赵同学带饭。

"之前他不是包月吗？为什么这个星期不来了，需要你们带呢？"

"那个……唉……"两个男同学对视一下，道出实情，"小赵爸爸打工摔伤了,这个月家里没有给他寄生活费,他本来想跟你说一下先赊一段时间的账,等家里周转过来,再补上。但黑板上,这不是写着吗……"说着,他们指了指黑板上的"小本经营恕不赊账"。"三个人来吃两个人的菜又不好,所以我们就商量出这个办法。对不起啊。"

小蔡妈妈没说话,沉默了一会儿,告诉两个男同学:"你让小赵明天来,告诉他可以赊账,别吃剩菜。"

"啊,真的啊,太好了,谢谢啊,谢谢小蔡妈妈,谢谢老蔡。"隔着一小段距离,我都能听出男同学语气中因为感激而有些颤抖的声音。

离开的时候,我看了看小蔡妈妈,一个人坐在柜台前面无表情地数着钱,似乎是在思考明天怎么解决这个问题,也似乎不想被别人看出她的难处。

第二天再去吃晚饭的时候,两位男同学已经变成了三位,估计有一位就是昨天说的小赵同学。我看了看,黑板依然立在最显眼的位置,但似乎有了一些小小的变化。黑板上依然大大地写着"本店小本经营,恕不赊账",然而在右下角的位置多了一行小小的字:"如有问题,可找老板娘。"

不知怎的,我笑了起来,整个人暖暖的,昏黄的灯光果然是容易让人觉得温暖。

再看小蔡妈妈,觉得她并不如自己以为的那样冷漠和刻薄了。

等到隔壁桌男孩要走的时候，小蔡妈妈对小赵说："那个小赵，你明天把你的学生证给我复印一下，这样的话，大家都放心。"

小赵本来如释重负的脸瞬间尴尬起来，红着脸努力挤出一丝笑容说："好的好的，应该的应该的，谢谢老板娘。"

听到这句话，我很难描述当时的心情，虽然感觉不好，仔细想想好像也能接受，这种心情可以用一个词来形容——不爽。不爽不是指愤怒，也不是指心甘情愿，总归是那种心不甘情不愿但又必须接受的事情，大概都可统称为不爽。

对于这件事，我不爽了一小段时间，但后来居然想通了，也理解了。

那时我已经从实习工转成了正式工，但因为身体原因，决定辞职准备考研。把当月工资取出来交了接下来的房租，买了考研的书，经济状况惨淡，在杂志上发表文章的稿费又没收到，我也面临着要交餐费的问题了。跟爸爸打了一通长途电话，爸爸问东问西，我都说很好，全是自己的选择，让他和妈妈不用担心。

挂了电话，忍不住一个人靠在椅子上默默流了一会儿眼泪，大学毕业，二十好几的我再要生活费实在说不出口。

想了很久，决定去找小蔡妈妈赊账。为了让她放心，我准备了身份证，以前的工作证，甚至还带着自己发表的文章以证明不久之后我就会有稿费。那一刻，我特别能理解自己的行为，但凡一个希望讲究诚信的人，都不会去等别人要求用什么东西来证明，他们早就能站在对方的立场，让对方减少不必要的担心。

我找到小蔡妈妈，还没有说出长篇大论的腹稿，她立刻说身份证复印件给她就好。

我想再给她一些东西来证明，小蔡妈妈说不必了。我说："你找不到我怎么办？"

她说："我干吗要找你？"

考研那段时间吃饭，小蔡总是隔三岔五给我端一小碗西红柿鸡蛋汤或紫菜蛋汤或丝瓜肉末汤。我说自己没点这个汤，小蔡说："别人点了，爸爸水放多了，一个大碗装不了，多出来的就给你了。"

现在想起这些细节，还是觉得很感动，那时只是很木讷地"哦"了一声，权当自己明白了。其实内心是感激的，只是表达不出来，缺乏自信的自己，总是不能很饱满很及时地表达自己的情绪。想起来，那时唯一能表达感谢之情的做法，恐怕就是在老蔡给我炒菜的时候，我从不说：老蔡，给我多放一些肉。

不为难别人，也是一种示好。那时的我是这么想的。

考研结束，我又立刻找了一份工作，等着三月出分数线。

老蔡、小蔡妈也会问我成绩，我说还没公布，他们问感觉如何，我说应该考得不错，不出意外的话，应该能够过线。老蔡说："如果你考到北京，那就不能继续来我家吃饭了啊。"小蔡很失落地问我："哥哥，你要走了啊？"小蔡妈妈抓着老蔡就是一顿说："人家考到北京是本事，凭什么让人在你这里吃一辈子饭，除了咱家的人，最好谁也别在这儿吃一辈子，不是好事。五块钱一顿的饭小刘吃了两年，以后就应该吃五十一顿、五百一顿的饭了。人不都是慢慢活得更好的吗？"

老蔡又讪讪地笑，我也不好意思地说："小蔡妈，不会啦，我就是真的去了北京，回长沙肯定还会来这里吃饭的。"

日子一天一天地过，离分数线公布也越来越近。

一天，同学来找我吃饭，三个人我点了四个菜。四个菜上齐之后，又多了一大碗猪脚汤，又上了一条红烧鱼。这两个菜是大菜，每个菜都要十来块，我从来都不会点的。我着急地问小蔡妈妈："是不是上错了，我没点啊，吃错了可赔不起。"

小蔡妈妈说："吃吧，这一天每个人都会加菜，你朋友来了，就给你多加了一个。"

"为什么？"我没懂小蔡妈妈话里的意思。

"今天27号，不是你生日吗？这里过生日的人当天都会加菜的，不只给你加，快吃吧。"

"你怎么知道我的生日？"话刚问出口，我就想了起来，小蔡妈妈那儿有我的身份证复印件。可身份证复印件不是为了避免我们拖欠餐费吗？谁能想到，小蔡妈妈会把每个人的生日都标记下来。

我叫了几瓶啤酒，喝了几杯有点儿晕，我去敬小蔡妈妈，谢谢她。我这个人喝一杯就上头，一上头就喜欢说心里话，我举着酒杯告诉她一开始我特别讨厌她，觉得她没人情味，后来看见她同意小赵赊账，觉得她还不错。可她又要大家押身份证，又觉得她挺不信任别人的。后来，又有好多好多事，直到今天。

小蔡妈妈听完之后，佯装生气，让我罚酒，等我喝完，她看着我和同学说："没钱留身份证有什么用，没钱找到你们了，会让你们学生赔钱？收着你们身份证就是觉得你们一个个挺需要人照顾的，一般能把身份证复印件放在我这儿的人，都是老实孩子。"

"哈哈哈，老板娘说我是老实孩子。"我笑着对同学说，其中一个女同学眼眶都红了，我的眼眶也瞬间红了。

一个你以为是陌生人的人，突然用长辈的语气来评价你，回想起这些年，他们对自己的照顾，似乎早就像家人一般。我弯下腰对小蔡说："谢谢你哦，如果不是当时你答应给哥哥的碗写上名字，哥哥就不会认识你们，也不会来你们家吃饭。"

考研的成绩下来了，英语差了一分，有朋友出主意让我去北京找老师，带着自己发表的小说看看有没有特招的可能性。

我去了北京，特招没有成功，却在北京找到了一份工作。

我是真的要去北京了。临走前，我去老蔡的小饭馆吃了最后一次饭，和他们告别。小蔡哭了，躲在房间不愿意见我。老蔡又开心又失落，小蔡妈妈让老蔡又多给我做了两个菜，说是给我饯行，我没有推托。小蔡不出来，小蔡妈妈对老蔡说："死小孩不出来，以后也要学哥哥去北京工作才好。"

吃着饭，小蔡妈妈把我的身份证复印件还给我，说忘记了，早就应该还我了。我说："你留着，做个纪念，万一哪天我还要继续赊账呢，哈哈哈。"小蔡妈妈照我脑门儿拍了一下："别乱说话，你收着吧，我早就背得出你所有的信息了，留着没用。"

一段历史就这么结束了呢。真是好快。

"我走了。以后每年都会回来看你们的哦。"我挥挥手。

再见，我吃了两年的老蔡小饭馆。再见，那个在我的瓷碗上写名字的小姑娘。再见，特别凶特别计较又特别有人情味的老板娘。谢谢你们给我加的菜。

挥着手，心里想着这些，直到转身不见。

到北京之后工作特别忙,很少有时间回湖南。即使有时间回去,也是直接坐火车回老家郴州,很难在长沙停留。工作到了第三年,我被派到长沙出差,特意抽空回到了当年住的小区,特意带了一些北京的特产去看老蔡全家,心里想着小蔡已经长成大女孩了吧。

到了之后,却发现老蔡的饭馆已经不见了,取而代之的是一家服装店。

推开门进去,老板在店里。我说我想找之前店家的老板和老板娘。服装店的老板说他们回老家了。

"不是做得挺好吗?怎么说关就关了?"

老板看看我,笑了,说:"那个店大概关了三年了。那个餐馆早就不赚钱了,他们本来早就打算关店回老家,好像那时有很多孩子交了包月,老板说这些孩子能找到一家便宜的餐馆特别开心。本想能包一个是一个,谁知道那些孩子又到处说这里可以包月,搞得餐馆几乎每个月都赔钱。后来老板和老板娘商量,那就等当时第一拨包月的孩子大学毕业就收摊。你也是那一拨小孩吗?"

我摇摇头。

我是工作之后再来这里的小孩。

离开老蔡小饭馆的时候,我回头看了一眼,人来人往。

我想,一定会有不少人跟我一样,想起过去那些人和事的时候，会过来看一眼。想起那个留着剩菜打包一大盒米饭的自己；想起那个不好意思赊账的自己；想起那个让老板多放一些肉的自己；想起那些难以对亲人开口要生活费的日子；想起那些坐在一个泛着暖色灯光的小饭馆，喝一碗因为老板多放了一些水而变成的汤的日子。

老蔡，谢谢你们哦。

后来

说起来有点儿不争气，到北京头几年吃饭很少请客，后来条件慢慢好起来，开始主动请大家吃饭。有一次餐费正好五百块，大家哈哈笑着说也太整整齐齐了吧，我突然想起小蔡妈妈说一个人不能总吃五块的饭吧，当有一天一餐五十、一餐五百的时候，就意味着人越来越好了。回忆突然涌上心头，眼泪就飙了出来。朋友们吓坏了，连忙说："不就是吃了你五百块吗？有必要哭吗？"

我连忙摇摇手，咧着嘴笑。没有解释为什么。

每个人也许都有一段被自己标注为灰色的日子，在那样的日子里，一点儿小小的关心都会暖上一整天，一些小小的善意也会让你对未来充满希望。我很感激老蔡一家人，我也常常想起"放水太多，所以才给你"的一碗西红柿鸡蛋汤，这不是谎言，这是善意。我相信这样的善意一定打动了很多像我当年一样年轻的孩子，这样的善意让我们带着感恩前进，让我们比别人更知道什么才是自己的小幸福,也让我们在未来的日子里,学着老蔡的样子,撒一些善意的谎,把这份雪中送炭的温暖,送给更多的人。

她一直在老地方

你记忆中有什么小吃吗?老家的,一提起来就咽唾沫的,你记得小吃的样子,记得卖小吃的人,你记得当年的那个她或他。十几年,几十年过去了,你觉得他是他,她也还是她。我想起了一位卖臭豆腐的老太太,想起为她莫名其妙地哭了一场。

"方老太走了。"

微信群里突然出现这么一条信息。

前年,正在返家路途中的我呆住了。

同行的朋友问我怎么了。

我把手机里的信息给他看,然后我俩靠在列车的座椅上,陷入沉默。关于方老太的所有回忆,就像过电影一样,一幕幕在眼前回放。

大概在二十八年前，我刚读小学的时候，方老太就已经是方老太了。

那时她只是50岁的方老太，每天推着炸臭豆腐的摊车，在学校南面的拐角处叫卖。八分钱一块的臭豆腐摊，每到放学都会排上长长的队。

方老太的臭豆腐好吃，二十多年来，闭上眼睛就能想起小时候吃第一口臭豆腐的味道。

豆腐炸得黑黑的、脆脆的，方老太用筷子戳破表皮，一股热气便冒了上来。哗，浇上一大勺汤料，把热气硬生生给压回去，豆腐的每一个下口处都是满满的姜葱蒜和浓浓的黄豆味。

夏天吃，辣得流汗，很带劲。

冬天吃，热气腾腾，瞬间就暖和了。

上小学时，我的零花钱很少，别的同学都是四毛钱一次买五块臭豆腐，我只能一毛钱买一块解解馋。稍微富余一点儿也只能两毛钱买两块，然后把找回来的四分钱认真地装好，再凑四分钱又能买一块。

刚开始的时候，觉得自己只买一块臭豆腐特别丢脸，排老半天队只能可怜巴巴地掏出一毛钱。所以每次轮到我的时候，我都早早地把一毛钱准备好，趁旁人不注意赶紧塞给方老太，也不好意思大声说，自己只要一块。

那时，方老太就会帮我把一块臭豆腐用铲子切成九小块，然后放进碗里，唰地浇上一大勺汤料，再装了袋子给我。

我拎着那个袋子，沉甸甸的，珍而重之，用小竹签一块一块地慢慢吃，就好像吃到九块臭豆腐一样。

后来我发现，每次我买一块臭豆腐的时候，方老太不仅会帮我切成九小块，她还会用勺子在大汤碗底重重地捞上一勺，里面有汤料，还有辣椒、酸菜、萝卜丝……

放了学去方老太那儿买臭豆腐，成为我小学时最美好最开心的回忆。

不知道方老太是哪个星座，当然这也许和她的星座没有任何关系——无论刮风下雨天晴天阴，方老太总是雷打不动地待在实验小学正南面的拐角处，时间久了，她记得住每一个小孩的名字，有时小孩的爸爸妈妈来接小孩没看到，也会问方老太："方老太，我孩子来买臭豆腐了吗？"

"半个小时前买过了，然后和同学一起往坡那边走了。"

"没来，听同学说你小孩还在教室做值日呢。"

方老太不像是臭豆腐的摊主，更像是一个信息交流站。而随着我们的毕业，方老太那儿又成了我们常年聚会碰头的据点。

读初中后，每次大家聚会，地点都是"方老太的臭豆腐摊"。

去得早的同学会坐在小桌子旁吃上几块，去得晚的同学还会在电话里交代："你跟方老太说是我要吃，她知道要给我的臭豆腐炸得干干的。"

那个时候，方老太的臭豆腐变成一毛五一块了，依旧便宜。

时光飞逝。

我们从小学到初中，从初中到高中，虽然不再像之前那样天天能吃到方老太的臭豆腐，但嘴一馋，大家还是会相约一起去方老太那儿，然后遇见好多的老校友。我们很好奇的是，为什么那么多年了，方老太永远只有一个人，从来没有见过她的老公，也没有见过她带着小孩。似乎总是一个人推着小车从拐角处突然出现，从白天到深夜，一个人在路灯下默默收摊，又在拐角处突然消失不见。

小时候有人说方老太是一个只做臭豆腐吃的魔法老太太，来无影去无踪。等读了高中才渐渐听人说起方老太的故事。

方老太30多岁才嫁人，嫁过去第一年就生了儿子。本以为生活会开始幸福，可惜好景不长。老公每天在外面赌博，赢了还好，输了就回来要钱，要不到钱就打方老太和儿子。后来儿子慢慢长大，方老太把所有的希望都寄托在儿子身上，谁知道儿子在长期的家庭暴力之下，早早就放弃了学业，每天在外面游荡。父子俩都没有正经工作，要睡觉了就回来，没钱了就闹，方老太就是这么八分八分地挣，然后兑换成整钱给家里的老公和孩子花。

那时我们年纪小，想不通的问题有很多。只是觉得方老太好可怜，寡言少语却对任何人都关怀备至。

随着我们这拨人考上了大学，开始漂泊在他乡或异国。有时候聊起大家何时回家聚一聚，总有人会提到方老太，同学就会传一张自己和方老太的合影给大家看，还会即时汇报：方老太的臭豆腐涨价了哦。

"该涨该涨，现在什么都在涨价，臭豆腐也应该涨。多少钱了啊？"

"从一毛五涨到两毛啦！"

"……喂，小武，你能不能多给方老太一点儿，大冷天的多辛苦啊。"

"知道啦。那下次回来咱们一块儿去吧。她还记得你们呢。"于是乎，大家都嚷着要过年回去尝尝方老太的臭豆腐。

"对了，小武。你今天去方老太那儿，问问她，学校放假了她还会不会出来摆摊？"

"好嘞！"

那年我们都大一，放假晚。而小学早已经放假，方老太的生意自然会受到影响。我们抱着试试看的心态，去了老地方。惊喜的是，方老太居然在，天冷，她把手伸在油锅上烤火，零散几个客人坐在小桌子边聊天，方老太远远抬头看见我们，咧嘴笑了起来。

那种久违的笑，不是大笑，也不是微笑，而是那种——我就知道你会来的会意，笑的是人与人之间重逢的美好，开心的是时间过去那么久，而人与人的关系却还停留在老地方。

"好棒啊，学校放假了，方老太居然还在！"

我们叽叽喳喳跑过去，一个人五块臭豆腐，趁着方老太炸豆腐的时候，大家纷纷跟方老太汇报着自己的近况，方老太一直笑着说："真好真好，你们有出息了就好。"

从小学一年级到我们大一，一晃十三年过去，方老太迎来送往了一年又一年的学生，她目送着毕业的学生比老师还要多。她已经记不住我们的名字了，但是还记得我们的样子，跟每个人都一一打招呼，"你来了就好，你来了就好。"

厚重的情感，最大的好处是模糊掉细节。

我们相信一切都没有变，相信一切都如往年一样好，我们看不到方老太炸豆腐的速度越来越慢，看不到方老太的生意越来越糟糕，现在的小学生已经不怎么吃臭豆腐了，也看不到方老太已经弯曲的背和悄悄爬满了皱纹的脸。

随着年纪渐长,身边亲人也都在渐渐老去。以至于后来每次去方老太那儿,一开始都是开心的,吃了几块臭豆腐后心情就变得有些沉重。隐隐问自己,万一哪天,再也吃不到这样的臭豆腐了呢?

又过了几年,网络流行起来。我常常看到老家的媒体写一些新闻,"郴州必须要吃的几种特产小吃",里面一定会有方老太的臭豆腐,记者说:"这个老太太送走了一批又一批孩子,炸着一块又一块臭豆腐,以每天炸二百块臭豆腐来算,二十年中她炸了一百四十六万块臭豆腐。那是很多人儿时的记忆,包括写这篇美食报道的我。"

吃过她臭豆腐的孩子,当年都是身高一米不到,踮着脚才能看到锅里的臭豆腐。一晃那么多年过去,有的成了记者,有的成了警察,有的成了律师,威风八面。

我听说实验小学旁边的道路需要改建,所有的小商小贩都不能再继续摆摊了,唯独只有方老太,一直在那儿,没有人赶她,其他的摊主也不眼红,据说管那片的城管也是吃着方老太的臭豆腐长大的。

有人问方老太为什么只有她能够在这里摆摊。

方老太说:"我也不知道,上次那个穿制服的孩子跟我说,让我好好待在这里,如果我离开了,很多吃着这个臭豆腐长大的郴州人就找不到了。"

找不到方老太,找不到臭豆腐,更重要的是,找不到自己童年的那段记忆了。

方老太走了。

这个消息瞬间就传遍了家乡的朋友圈。

什么时候走的？怎么走的？年纪多大了？家住哪里？那她的推车还有人继续推出来炸臭豆腐吗？这些问题没有一个人知道。

看着大家问着各种问题，我心里很后悔。

方老太是我们最熟悉的陌生人，我们打交道二十几年，我们争先恐后告诉她自己的近况，无论她记不记得住，我们没有一个人关心过她——也许不是不关心，而是小时候听说的那些故事，让我们不知道找一个什么样的理由去触碰。

我们之中，没有人知道方老太具体的岁数，没有人知道方老太的身高，没有人知道她的生日，她是哪里人，炸臭豆腐之前做着什么，现在老公和孩子还好吗。

没有人在意她这个人，我们只是在意她是否还存在于我们的生活中，滋养着我们的回忆。

闭上眼睛，无论何时经过小学的拐角路口，那个臭豆腐摊一直都在，就像一个地标性的建筑。感觉这一辈子，那个摊都会在那儿。感觉下辈子，那个摊也一直会长在那儿，生了根一样。

"不亲眼看到，我是不会相信的。"

下了火车，就和同学打车直奔小学。

二十多年熟悉的景象没了。

拐角处空空荡荡，什么人都没有。走过去，曾经滴在地上的油渍都被清洗得干干净净。几十年的落灰，风一吹，就没了痕迹，消失在人迹罕至的人行道尽头。

方老太死了。

我和同学对望了一眼，两个人瞬间就红了眼眶。

为什么会哭呢？其实我也不理解。

是哭没有那么好吃的臭豆腐了？是哭再也见不到方老太了？是哭我们丢掉了童年最美好的回忆？是哭我们以后要换一个新的聚会的碰头地点了？我不知道，反正就站在那个拐角处，吹着寒风，眼泪不停地流下来。那时我才感觉到，原来这里是个风口，原来这里那么冷，原来方老太在这个风口站了二十几年……我们对方老太的了解真的太少太少了。

那之后，群里再也没有人提过臭豆腐这件事，也没有人去过小学的拐角处，要经过也会选一条道绕过去。那之后，我再看见臭豆腐，都会本能地避开。有人问："你以前不是挺喜欢吃臭豆腐的吗？"

也许，我只是不希望有别的东西取代对于方老太的回忆吧。

虽说要把心里清空才能腾出地方放新的东西，但心里为何一定要放新的东西呢？

一晃又是一年过去。

去年快要回家的时候，小武突然在群里闪了一下。

他发了一个哭的表情，然后说：方老太没有死……

一时间群里被各种各样的表情刷屏了。

是震惊。是欣喜。是狂怒。是振奋。是希望。

"怎么回事？怎么回事？！"

每个人都用各种表情符号来强化自己的内心感受，其实知道方老太还在就是最好的答案了，再问这些，只是为了想更了解她一点儿而已。

"方老太年纪大了之后，身体不太好。但每天都坚持出来摆摊，后来重感冒引发肺炎，倒在那儿，被送到医院抢救，好几个月才恢复。那天我路过，她又在那儿摆摊，我也惊呆了。问了之后，才知道怎么回事。"

于是放假第一件事情就是结伴去臭豆腐摊，去见方老太。

远远望去，她正弯着腰在炸豆腐。她身上的水分也好像被这儿十年的油过了一道，干干的，不似印象中那么饱满了。

看见她，心里有大哭的冲动，却拼命忍着。这一次，我们不再像之前那么叽叽喳喳，每个人都轻轻地说话，静静地看着她。我问："方老太，听说你之前身体不好，你怎么还出来摆摊啊？"

方老太看着我说："听说你们都以为我死了，好多人都哭了。说以后不知道去哪里吃臭豆腐了。你看到没，我加了一个牌子，上面写着我的汤料的做法……"

我转过头看了一眼，牌子上写着："方老太汤料配方：朝天椒五十克，八角十粒，小茴香和花椒各十克，甘草十片，桂皮两片，草果三个，陈皮一个……十杯水用锅子慢火熬，快起锅时加入葱花姜蒜，还有半干的萝卜丝，然后再将三勺新鲜滚烫的茶油浇上去……"我赶紧拿手机拍了下来。

"方老太，你还记得我小时候最喜欢拿八分钱买一块臭豆腐吗？你总是给我打很多汤料，好吃的萝卜丝都在里面。"

"我怎么会不记得呢？别人都是五块五块地买，你总是一块一块地买，后来我看出你不好意思，我就帮你把一块弄成九小块，放很多料，你吃得可开心了。"

"方老太，那你还记得他的名字吗？"同学问她。

"那我不记得了，我老了，都快八十了，你们原谅我吧。"

"方老太，你是哪里人啊？"

"方老太，你住哪里啊？"

每个人都把这些年憋着没问的问题问了出来。

"方老太，我要一块臭豆腐，你帮我弄成九小块吧。"我说。

后来

每个人的生命中都有一两样食物，无论何时吃到、想起，都会感动不已。

有的是割舍不断的乡情，有的是来自家人的温暖。

方老太的臭豆腐在我以及很多同龄人的生命中扮演的则是家乡美食的角色。

她的臭豆腐真的有那么好吃吗？朋友每次听我说起方老太的时候，都很质疑。好吃与否并不重要，只因它承载了童年的记忆，赋予了灵魂的归宿，味道便独一无二，贵如珍宝。

方老太不是卖臭豆腐的老太太，她是替我们保管记忆的人。

听同学说起，最近，方老太的儿子带着媳妇也会来帮她的忙、接她的班了。方老太会很开心地给大家介绍他们，说如果有一天自己不在了，也希望大家能照顾儿子和儿媳妇的生意。大家都拼命点头说一定一定，顺便还帮着方老太数落他的儿子，缺席了二十几年，他妈妈够累的。

听说方老太的儿子特别不好意思，不停地道歉，说以后再也不会让妈妈操劳了。

我想方老太这辈子最开心的事情应该有两件，第一件是看着我们所有人长大，第二件是终于等到了自己的儿子长大。

多年以后,如若相逢

这位朋友傲气、自负,都是因为有才华。我们在读大学时候因朋友相识,后来陆续踏入社会,各自被打磨,又到了北京。本想说再聚,谁知道被各种大浪打得措手不及。我们在不同场合提起对方,不再有好感,也不知道彼此是否还是朋友。因为一篇公众号的文章,我们又恢复了联系,相约一起喝到烂醉。多年以后如若相逢,你还是曾经那个桀骜不驯的少年。

2016年的前两天,朋友给我发来一张截图,来自某微信公众号的一篇文章。大致意思如下:

在那个用一首诗就可以迷倒全校女生的年代,Z先生和我有一个共同的朋友,这人就是写《你的孤独,虽败犹荣》的刘同。在学生时代,我们三个人还一起交流文学,但,如今，我们不会再记得对方。

他每次说起刘同都很生气。他生气不是因为刘同过得看起来还不错，他生气的是刘同把我们忘了。虽然我们现在都在北京，可他从来不找我们。

朋友给我发来这一段的时候，附赠了一个难以名状的表情。

我读出了几层意思：

这是真的吗？

你记得这回事吗？

原来你是这样一个人？

我说是的，我记得Z先生。他叫卓君。我们相识于我最灰暗的一段日子。

如果你有时间，且听我来絮叨一段回忆。

这段回忆是我写给卓君的一封信。

卓君：

你好。给你写这封信并没有思考太久的时间，只是觉得应该写，也有很多心里话想写。所以回到家，立刻打开电脑写了起来。

大学毕业一年后，我从电视台辞职，藏在出租楼的一层没日没夜地复习考研。那时的日子比不上现在这么有效率,一天的时间像流水一样,流到哪儿是哪儿,没有泾渭分明的概念。

每天晚上背各种考研的资料到天亮,顶着鸡窝一样的头发出去吃一碗面,然后回来睡几个小时到中午,再继续十几个小时的复习。

那时的我被年轻的大学生用异样的眼神看着也不在乎,心想:今年是老子的落难年,等明年考上了就人模人样了。

如你所知,在那段暗无天日的考研日子里,机缘巧合我认识了肖水。

我和肖水是老乡,有朋友说我们都喜欢写东西,没准聊得来,就介绍我俩认识。

和肖水认识之后,我们确实很聊得来,不是因为文学上的共鸣,而是惊讶地发现——彼时的他也正一个人缩在青岛的某个出租屋内为考研而奋战。

对于考研,肖水比我有经验。他考了两年复旦大学,都失败了。他说这是他给自己的最后一次机会,离群索居,远离人烟,只身一人在接连失败之后,第三次冲击目标。

他说青岛比湖南冷多了,他正披着一床棉被开着电热毯和我聊天。

我俩都哈哈大笑起来。

这样的日子,无论过了多久都会记得。

为了给彼此一个心理支撑，肖水把自己的复习时间调整到和我一致。每天我们从中午开始复习，下午各自复习专业课，晚上一起复习政治和英语。肖水是学霸，要考的学校和专业都是国内最好的，他说自己两次失败不是因为能力，而是因为心态，所以他常在帮助我之后说："你不用觉得耽误我时间，我该背的早背完了，我就等着考试，闲着也是闲着。"

这样的日子过了三个月，考完那天感觉像死而复生一样。

肖水问我考得怎样。我说无论好不好，都不重要了，这样的日子再也不想重来一次。我很佩服他，三年三次，该有多强大的心理承受能力。

他过年回家，经过长沙，我们相约见面，他就像老朋友一样加入到我的朋友聚会。聊起他的过往，他说他有一群好朋友，聊聊文学，写写诗歌，个个都很讲义气。然后拿出了你的照片，说："喏，这个人叫卓君，是我最好的朋友之一，有机会你们可以见见，你肯定会喜欢他。"

那是我第一次听到你的名字，第一次看见你的照片。一副眉头紧锁、不苟言笑的样子，我心里忐忑，我真的能和你成为朋友吗？

考研的结果出来了，我英语差了一分，肖水专业第三。

我待在湖南继续我的传媒工作，他等着复旦大学法学院的录取通知书。剩余的时间，我俩都在写小说，每天晚上写完我们都互相交换，提出自己的感受，然后讨论一番。

没有人在意的日子，做什么都清楚记得，每喝一口水都尽兴而纯粹。我们时常为了一个字、一句话、一个标点符号而争执不休，那样的洒脱不羁也只有那个年龄的我们才有资格享受。

虽然我和肖水对彼此的文字看法不同，但我们对你的文章，态度却出奇地一致。肖水说你很有品位，你平均三天读完一本书，已经持续了好多年了。肖水提到你的语气一直很骄傲，让我备感压力，他接着就会补充一句：当然当然，你也是我见过最努力的人。

谁不希望被评价为有才华？谁愿意被人评价为很努力？

肖水说自己考研的时候，如果电话里听起来状态不好，你就会专门跑去青岛看他。肖水说这几年在准备考研的过程中，你也一直主动资助他。千言万语一句话，他总强调你是他最好的朋友，我们都要对你好。

被他洗脑之后，我就希望肖水把你约到我们的老家一块玩，报不了大恩，表达一下谢意也是好的。你立刻就应允了。

那一次回老家，我带着你们去泡温泉，打水仗的时候，你呛了水,从此落下了严重的鼻炎,天气一转凉就鼻子不通畅,做手术好像都不管用。记得后来几年,我们每次遇到的时候,你都会拿这件事打趣,我就会立马喝几大杯酒赔不是。

假装的愠恼,让我感受到你严肃外表下有趣的灵魂,也正因如此,我在你面前也越来越自然、轻松、本真。现在想起来,那些年我们在一起喝酒的日子,我都是极其放松的。因为我知道即使我喝多了,你也会把我安置得很好。

在老家的第一次见面,你和我想象中并无二致。说话、做事、性格都利落大方,见面没多久,肖水问我对你的感觉,我说:"真不错。"

后来,我去北京工作,肖水去上海读书,你在杭州发展。三个人通过彼此的博客常有互动。

有时一早醒来,我会看到你给我的新文章留了很长很长的感受。有时我也会把你的文章读完,把自己有感触的地方记录下来,一一留言。还有时,我俩会一起去肖水的博客底下讽刺他酸秀才的诗句。乐此不疲。

出差去杭州我们会见面,也会约上其他的一些朋友。

你大多数朋友的工作都与文字相关,而我的工作性质离娱乐圈很近,和你们在一起我老觉得自己挺俗气,所以每次大家问起来,我都打个哈哈,然后开始喝酒、吹牛、说大话,醉倒在十月有凉意的江南小城。

我记得我们还有一个好朋友,叫春分。他在报社做得很好,那时我们任何朋友发新书,他都给我们写长长的书评然后找媒体帮忙发表。后来春分选择了辞职创业,结了婚有了小孩。记得我们最后一次通话是有一年他买了一套很大的房子,贷款不够急需用钱,27岁的我也穷得叮当响,聊了几句,他挂了电话,因为是好朋友所以毫无挂碍。之后我们各自奔向自己想要的生活,不知道春分现在怎样了。

当我看到文章里说你来了北京,很介意我忘记了你,从来没有想过要和你见面时,心里先是一阵酸,继而涌起了一阵无奈。

我回想,也许是在加班的某一天,你给我打了电话或者发了短信说来北京了,我嘴上说着好,挂了电话就忙第二天的节目,当时说了什么做了什么肯定全忘了。

有些朋友会死皮赖脸继续追一个短信说:你是不是忘记我们约过什么了?也有些朋友是君子之交,就像我俩这样——你会想:既然你如此不上心,那我也就不在意了。如果是我,也许也会这样想。

上个月,我和剧组的摄影师还有认识十几年的老朋友Will收完工一起喝酒。喝到开心时,摄影师问:"你和Will在北京，是不是总这么喝啊？"我和 Will 对视一眼，笑了。

说来很多人都不相信，我和这样一个好朋友，在过去的好些年里，我们一年也只能见两到三面。

北京是一座城市，也是一片汪洋。每个人的时间以及人与人之间的遇见，不是二环三环四环那样有序的排列，而是浪打悬崖水波翻涌的交错。身不由己，恐怕是在北京生活最大的感触。

当年一群大学同学从湖南来北京，然后一个接一个回湖南，一开始很不舍地赶去送站，火车关门的那一刹眼泪哗哗。

后来已经不会伤感了，只会挥一挥手，镇静心情，继续面对第二天的生活。

后来的后来，听到谁要离开北京了，一条短信就能做一个告别：我就不去送你了，路上太堵了，一会儿公司还有一个很重要的会议。

现在想起来，似乎工作占据了生活的一切，但如果再重来一次的话，也许依然会如此。既然选择了北京，就是选择了一种身不由己；既然选择了要打一份工，那就认真地做一个打工仔，心无旁骛。

北京的周末也难放肆，老板突然要求加班、第二天突然有节目录制、年轻的同事突然有想不明白的人生问题要问，无论如何都不能尽兴放纵，风流之后，必有折堕。

那就把所有的心情写成文字，做一个和生活平行的人，是不是比较好？

来北京的这十几年，各有各的生活，像当年我、你、肖水那样的日子，也就一去不复返了。

我还记得我重返电视台工作的那年，工资一千出头，肖水准备去复旦读研究生，到处接一些稿件做枪手。我忘记具体是什么事，好像是我要租房，急需五千块钱。我和肖水实在无法向家里开口，你知道之后，立刻给我打了五千块救急。在工资少得可怜、身上毫无积蓄的日子，五千块让我们仨都意识到我们真是好朋友啊。那么难的日子，有人二话不说拿出那么多钱，怎么能说掰就掰呢？

这几年，我和肖水联系得也少了，他复旦毕业后留校做了老师，我每次去上海出差匆匆忙忙，聊天不到两句就有各种电话，有时他会去我做活动的现场找我，看我忙忙碌碌，就会给我发个短信说他先走了，第二天一早还要上班。

我很失落，但又能如何。

把手机揣口袋里，继续自己的生活。

以前的我们是一道浪，靠着青春一路翻涌。

现在的我们各自是一股暗流，在别人看不见的地方，经过了海沟、峡谷，越过了山崩地裂，期待着我们下一次的相遇。

我想说，其实我很开心看到那篇公众号的文章，很开心你每次喝了酒之后会提起我，很开心你提到"刘同"两个字的时候会说：这小子。

我把自己写的文字和看到的那篇文字给肖水看。他说他和你近几年联系也少了，但他答应我会转告你，我并没有忘记你。他还纠正我，不是你借给我五千块，而是我借给你五千块。

然后我俩在电话里都笑了。你看，其实真正好的关系就是，钱是谁借出去的在记忆里一点儿都不重要，重要的是我们在一起是不是真的解决了一些问题。

一晃十几年过去了，现在虽然工作依旧很忙，但是好歹自己能把握自己的时间了。我问肖水要了你的电话和微信，回去之后我会给你打电话，请不要拉黑我，我很想听你抱怨你的鼻炎，还有你的那些真正牛哄哄的创业。

刘同

2016.1.1

后来

这封信写完,发在了自己的公众号里,我相信卓君一定能看到。而我也希望还有很多像我和卓君一样的人也能看到。有人留言:"别后不知君远近,渐行渐远渐无书。"看到的时候,觉得很侥幸,在一篇文章里拾回了卓君,也拾回了当初三个人在一起纯粹的日子。

我加了肖水给我的微信号,一整天没有动静。我很失落,我想也许卓君已经彻底把我排除在了他的生活外。我又鼓起勇气问肖水该怎么办,肖水说他给卓君打电话,发现号码已经变了。我和肖水在电话两头,沉默着各自的遗憾。

第二天肖水又给我推送了一个新的微信号,说这才是卓君在使用的。卓君通过了我,却没有立刻回复我的留言。当天夜里,我收到了他的信息:

每个寻求自我实现的人,在有限生命里只能践行一条道路。年纪越大,朋友间道路分岔越多,渐渐地,情谊只能深埋心底。在只有自己明白的道路上,固守旧情很温暖,但让人裹足不前;勇猛精进必须轻装上阵,有时不近人情。我们现在是同类。

同行不如同心,同心不如同志。心同志异、曲径分岔、渐行渐远,这是少年时代的朋友都会遭遇的事情,我也曾困惑感伤,如今做法与你并无不同。但内心里,一直在彼此守望。

过几天我回北京,如果你在,我们再见。

我相信时间有冲淡一切、带走一切的能力,但我们也有寻回一切、重新上色的勇气。

你的善良，

必须有点锋芒

我们总觉得时间带来的都是朋友，既然是朋友，就有相处下去、维护关系的必要。我们并没有意识到时间也是河流，总有一些东西要被卷走，只有真正的珍宝才能沉淀停留。

曾经写给自己一段话：以前对自己不喜欢的东西，会很讨厌。现在对自己不喜欢的东西，只会不予关注。两者之间的不同在于，不喜欢的东西已经不会再进入自己的生活了，所以连讨厌都浪费了情绪。

越来越发现，人年轻的时候，对于很多东西都是想"得到"，得到更多的肯定、得到更多的人脉、得到更多的信任、得到更多的机会。后来也一定会意识到，得到更多的肯定，则要表现给更多人看；得到更多的人脉，需要花更多的时间去交际；为了得到更多的信任，就要付出更多的真心；而为了得到更多的机会，就要撒出更多的网，守在岸边更多的时间……

在所有时间都用来交换之后，自己已经涓滴不剩。后来，大家都开始慢慢梳理自己的生活，剪枝剪叶，于是有了一个词，"断舍离"。

不要在意不在意你的人，不要考虑不考虑你的人，不要担心不担心你的人，不要花时间给不会为你花时间的人。

果断舍弃掉我们不想要的，不喜欢的，让生活变得非常简单、纯粹，我们要把精力用来做更重要的事。拉黑一些人，不是因为小情绪，而是为了大日子。放弃一些机会，不是因为不上进，而是为了更好地享受当下的生活。

第四章　世上最疼我的人

我们以为只是出去看看，
没想到踏上列车，就是好多好多好多年，
才恍悟距离的另一个单位，是想念。

为了我妈,也要好好地活着

小时候我常会想,如果有一天妈妈离开,我会怎样?不敢想,不敢问,还狠狠骂自己是不是傻,居然想这种问题。直到我看见叶欢和妈妈的相处,才鼓起勇气去改变。

我赶到的时候,叶欢并没有我以为的那么难过。

他坐在角落的凳子上沉默不语,看见我便立刻站起来,嘴边努力挤出一些微笑,很礼貌地说了句:"谢谢你,你来了。"

迎上去,互相给了对方一个拥抱,我轻轻地拍了拍他后背,路上打好的腹稿似乎每一句都不合适,只能硬着头皮说了一句"节哀"。

"放心,我没事。"从叶欢的表情捕捉不到他的内心,好像妈妈的离开是迟早的事。

"我就知道这个女人会这样,都在病床前陪了她大半年了,让我给她买包烟的工夫,就等不了了,一个人走了。"说给我听,也像是说给他自己听。

"其实我一点儿都不难过,她年轻的时候喜欢作,抽烟喝酒熬夜,一点儿都不节制。明明身体里已经有了积水,她还哭着闹着要喝白酒,不给就闹,医生也拿她没办法。只要一喝酒,有了醉意,倒头就睡,好像身上的病痛也减轻了。"

"那,是不是也挺好……"我很尴尬。

一个过于冷静的儿子,一个过于有个性的母亲,隔着两个世界,儿子对于记忆中的妈妈并不理解。

"是啊,挺好的,这辈子和她在一起,真是折腾死我了。小时候不管我,管我的时候就是打我一顿。我读书了,就给我一些钱打发我。和我爸离婚之后,长时间待在国外,换各种男朋友。好不容易见一次面就挑剔我这不好那不好,说我跟我爸学的。刚和她的新男友培养了一些感情,很快就告诉我分手了。这个女人,可能这辈子就是和我犯冲。"

叶欢说的这些,我大致也了解。叶欢在我们这群人中从小就更成熟——如果成熟的定义是更沉默寡言更无所羁绊。

明明已经永远失去妈妈了,却感觉不到任何悲伤。叶欢此刻说出来的话更像是多年憋在喉咙里的感受,喷薄而出。

小学的时候,有同学在叶欢后面追着说他是父母离婚没有人要的小孩,如果是我早就冲上去和他们拼了,叶欢冷冷地看了一眼,头也不回往前走,说多了,同学们也自讨没趣了。好像他对于家庭变故这件事从未有过自己的感受。

也许早就知道自己并没有选择的权利,那又何必进行无谓的抗争。

叶欢说:"人生一定是公平的,如果老天给了你一个不算温暖的家庭,那他也给了你一副轻易就能感受到温暖的躯体。"

朋友陆续赶到,我对叶欢的担忧似乎显得有些多余,大家围在一起说说笑笑,叶欢又把妈妈从头到尾批判了一顿,就像妈妈仍在世一样,那种漫不经心像是真的早已放弃,又像是还不相信这是事实。

我有点儿出格地想,如果今天是我妈突然离去,我会是一种怎样的心情。想了不到一秒就觉得不寒而栗,立刻阻止自己不能这样想。换个角度去想:我对妈妈最深刻的印象是什么呢?

闭上眼睛,浮现出一张妈妈的脸,并不是微笑,而是十分烦躁的一张脸。

无论是在湖南的家里,还是我在北京她在电话里,都是一副永远不变的语气。

她总是说:"你早上一定要吃早饭,必须要吃早饭,不吃早饭,就会死得比别人早!"我特别不耐烦,连"知道了"这三个字都不愿意说,直接说"放狗屁嘞"。

她总是说:"空腹千万不要喝豆浆,对胃非常不好。"我立刻反驳说:"怎么可能,如果这样那些生产豆浆机的工厂不是早就倒闭了吗?"明明人家宣传的就是早起一杯热豆浆,补充上午好能量啊。

嗤之以鼻。

她说:"手机充电的时候千万不要打电话,会漏电然后电死人的。"我斜着眼睛看着她,不知道她嘴里还能说出什么来。

她说:"起床之后,千万不能打开自来水就漱口,要放一分钟水,不然就会铅中毒。"我想我到底是有多容易中毒?!

她说:"你一定要看我给你发的那些文章,能让你少走很多弯路,能提醒你很多事情。"可是我都已经34岁了,她还希望我少走弯路,我过去的人生在妈妈看来是有多坎坷呢。

她还说:"免税店的赠品千万不要拿,小心外国警察把你抓起来说你偷东西!"我说:"外国免税店的东西是带不走的,只能在海关取啊。"

她还说:"晚上睡觉前,一定要将门用各种方式反锁,不然坏人就会进来。"我说:"我知道了,你不用总是吓我。"

她最近说:"电子秤下面如果放了泡沫箱,你一定要离开。"我说:"我不买就是了,干吗一定要离开,它又不会爆炸。"

每次我跟我妈这样顶嘴之后,她都很生气,一方面生气我不听她的,另一方面生气她说不过我。

这些年我放假回家和她在一起的日子,我俩的相处模式基本是:相见愉快,我关心她,她漫不经心,我发现她生活的漏洞,我批评她,她开始关心我,用各种微信小知识关心我,我不想听,她觉得我不尊重她,我懒得理她,她难过,我们吵架、冷战,然后和好,直到我又开始关心她……进入无休止的循环系统……

我突然觉得有些难过,原来妈妈在我心里留下的全都是这些不够美好的回忆。我开始能理解叶欢为什么这样回忆自己的妈妈了,什么样的生活就会产生什么样的回忆,不怪他太举重若轻,只怪大家在能交流的时候只顾着表达自己的情绪,所以也只记得住对方的怒气。

工作人员过来通知叶欢,轮到他妈妈火化了,叶欢站起来,摆摆手不让我们跟进去。工作人员建议最好有几个朋友跟着,免得叶欢控制不住情绪。我们站起来,让叶欢走在前面。走了几步,叶欢回过头来苦笑着说:"你们放心吧,当初她住院的时候110斤,后来都瘦脱相了,只有60斤,我早就习惯了。无论她变成什么样,对我来说都一样。"

我不敢进去，远远地隔着玻璃看着叶欢。

叶欢站在焚化炉前，最后看了一眼自己的妈妈，呆呆地点点头，机械床便收回了焚化炉里。一秒，两秒，三秒，时间过得无比漫长。我看见叶欢拳头越攥越紧，身体微微发抖，两个朋友走过去扶住了他的胳膊。

焚化炉停止了焚烧，机械床再次出来，工作人员给了叶欢一把铲子，让叶欢自己去拾妈妈的骨灰。

叶欢使命般往前迈了一步，朝里看了一眼，僵住了一秒，然后哇地大喊一声瘫倒在了地上，那婴儿第一声般的啼哭，撕心裂肺。

我从未见过一个人像他哭得那么难过。在我们相识的三十年里，他总是嬉笑怒骂地对待着这个世界，不感兴趣的不置可否，感兴趣的议论两句，谁也想不到，几分钟前还信誓旦旦说自己没事的他，现在已经哭得像一摊烂泥，用眼泪就能浸化了自己。他哭得那么用力，似乎用上了三十多年的力气。

这时我才明白叶欢之前所有的表现，只是因为他还不相信妈妈已经离开。

以为只要自己不相信，有些事就永远不会发生……

他看着自己的妈妈从110斤，变成60斤，再变成铲子里的那几块小小的骨头……想想多年前被这骨头的主人生下来，想着从不会动手打他的妈妈，因为他饿到不行偷了邻居小孩两块钱而给了他一个重重的耳光。

他想起来那天妈妈打了他之后,回到房间里哭了一个小时,直到他在妈妈面前发誓再也不做这样的事。

他想起来,每次爸爸喝醉酒之后就打已经熟睡的妈妈,他打不过爸爸,只能在旁边抹眼泪。终于有一天,妈妈跟他说要和爸爸离婚。

他想起来,每一次妈妈交往了新男友都会先带给他过目,其实是因为他年龄太大,很多男人都无法接受自己再婚之后有一个这么大的儿子。所以每次叶欢刚对谁投入了一些好感之后,那个人就消失了。他把所有的怒气都发泄在了妈妈的身上,觉得她总是在耍他,玩弄他的感情。

他也想起来,今天下午妈妈突然说想抽烟了,叶欢说明天做完手术再抽,妈妈又开始大喊大叫,叶欢拧不过她,下楼给她买烟,可是又放心不下。妈妈说:"你放心吧,你把床头那瓶白酒给我喝一口,喝一口就好,我状态好得很。"

叶欢妈妈是胰脏癌晚期,不知道能撑到什么时候。

叶欢看到妈妈状态很好,就交代了几句,穿上一件外套就下楼了。

刚走了不到十分钟,护士就打电话过来问他人在哪里,立刻回来。

叶欢整个人蒙了,陪了大半年,吵了大半年,连骗带哄了大半年,却在最后的关头被妈妈骗了。

他想起来,妈妈曾经问他,如果她走了,他会不会很难过。叶欢一听这样的问题，就立刻对妈妈说："你别瞎说，你哪儿都不能走，你走了我不会原谅你的。"也许是这样的原因，妈妈不敢在他面前离开，直到觉得自己真的撑不下去了，才会用尽所有的力气演一出戏，让叶欢信以为真。

叶欢的眼泪重重地砸在了妈妈的骨头上、自己的身上、纹路斑驳的地板砖上。

一切都是徒然。

后悔又能怎样。

如果生命是一趟无法回头又无法循环的旅程，那么这一路我们迎着风，再苦再累也要保持微笑，起码在最后告别的时候，我们彼此留下的都是自己最好的样子。

叶欢哭着说："我对不起我妈，我太任性了。她选择了一个人走，我妈从小就怕黑，怕一个人，她是一个时刻都需要热闹的人，所以她离开的时候，心里一定很难过。她肯定很后悔生了我，觉得自己这一生都很失败吧。"

围着叶欢，谁都没有说话。

等到叶欢稍稍平复了一些，我说："不会的，你现在能把这些话说出来就挺好的，因为妈妈听得到，她有遗憾肯定还留在你的身边，你说完她就都知道了，这样她才会心无牵挂地离开。不要哭了，你这样，妈妈才会更难过，因为她已经帮不到你了。"

就像五岁的小孩获得安慰一样，叶欢听了，抹抹眼泪，好像真的就是如此。

等叶欢将一切都安顿好，我们才离开。

路上，我给妈妈打了一个电话，我问她："妈，如果我有一天突然离开了，你会难过吗？"

我妈着急地说："你瞎说什么？怎么老乱说话！"一副想扇死我的样子如海市蜃楼般出现在我眼前。

我说："没事，我就是问问。你回答我一下。"

她说："我肯定会难过啊。哎呀，我不要和你讨论这个问题了，大白天的讨论这个问题，让我的心情变得一点儿都不好。人家刚刚准备出门和朋友们去唱歌。"

把电话挂了，我尝试着认真去想这个问题，如果妈妈突然离开了，我会怎样呢？

从明天开始我就要吃早饭了，一定不会再空腹喝豆浆了，洗漱的时候要放一会儿隔夜的自来水，充电的时候不打电话，睡觉的时候一定锁门，看见电子秤底下垫了泡沫一定立刻就走，绝对不要什么赠品了……

不是因为我突然觉得妈妈说的一切都是对的，而是我突然觉得对我来说她的一切都是对的。

有个人每天在你身边唠叨你，就像风筝总被一根线拽着，也许会很烦，但如果没有人再跟你唠叨这些，如同怕束缚的风筝把线剪掉，那么风筝不再是风筝，不会飞翔，只会一头栽到地上。

风筝是因为束缚，才能飞得高。

人也是因为有了亲情的羁绊和约束，才变得幸福。

我又给妈妈打了一个电话，一接通，她就没好气地说："怎么了，又有什么事？"我很认真地说："没事，刚才不要生气，我想说我不会死的，而且我会好好活着，认真听你的话，要吃早饭，不空腹喝豆浆，看你每一条微信小知识，无论对不对。可以吗？"

我妈在电话那头愣了一会儿，特别严肃地问我："你不要骗妈妈，你不会真的生什么病了吧？"

后来

高中的时候总想着要离父母远一点儿再远一点儿，实在是受不了和他们继续一起生活了。去大学报到那一天，我没有坐车，拖着行李箱走到了火车站。妈妈不敢送我，爸爸跟在我后面送了好久好久，看我进了站台才在后面吼了一句：好好照顾自己。那时有一刹那的兴奋，觉得终于挣脱他们了。时光快得吓人，一晃就过去了十八年。我离开他们的时候18岁，在外地又长出了另外一个18岁的自己……

如果18岁那年知道最后那声"保重"不仅是告别高中，而且真正开始了一个人的漂泊，兴许就不会那么洒脱。还好，在这一个人的十八年里，妈妈不停地唠叨，爸爸一直地担心，让我总活在他们的牵挂之下，觉得自己永远长不大、永远有人照顾着、永远都有一座大大的靠山。

生病了不用去医院，直接打电话给爸爸问要吃什么药就好；回家了睡到自然醒，妈妈在门口大发雷霆也不开门。习惯了啊。

所以，能在一起当然幸福。不在一起，却能被家人一直惦记着、约束着、计较着，也是一种幸福。

老妈和我,有时还有老爸

你知道爸爸妈妈之间的爱情故事吗?我知道。

"你知道自己的爸爸和妈妈是怎么在一起的吗?"

有一天同事开会的时候,突然聊到了这个话题,大家踊跃发言。而我,则陷入了沉思。

说实话,我读初中、高中、大学,以及工作之后很长时间里,都动过劝他俩离婚的念头。因为从我记事开始,我从未在父母身上看到过爱情两个字,更多的是争吵。

我爸加班太久了,我妈会吵;我爸在外面打牌久了,我妈会吵;我爸总喝酒,我妈会吵;我爸钱包里的钱不对了,我妈会吵。

小时候,我安安静静地坐在他俩的旁边,听着他俩不停地辩论,觉得时间过得好慢好慢。当时想,如果时间能一晃十年过去,他俩的关系是不是会变得不太一样。

时间果然一晃就是十年。我依然坐在自己的房间，听着他俩不停地争吵。

小时候，他们只会白天压低了嗓门儿吵，后来他们晚上也敢放开了嗓门儿吵。等我考上大学了，估计他们觉得生活需要变化，于是从早上七点开始就能肆无忌惮地吵。

有时我和朋友们分享我爸和我妈的相处模式，他们特别好奇：有什么事情能从早上一直吵到晚上？从你小时候吵到你成年？

说实话，我也很纳闷儿。总是那么几件事，也吵不出花样来，为啥还能互动得那么兴致盎然呢？

小时候，我站在爸爸一边。

我爸是个寡言的人，工作能力强，人缘也很好。所以一年三百六十五天，他在家吃饭的时间大概不超过十天。每次我妈发飙说他太不在意这个家的时候，我爸就说："让你们俩跟我一起出去吃饭，你偏偏不，然后回来还要发脾气。"我妈很气愤："谁会像你一样，结了婚之后每餐出去吃，生了小孩之后，也每餐出去吃，哪里有家的样子？你在意过我吗？"

我爸不说话。我就开始和我妈吵："爸爸都说了可以带我们一起出去吃饭，我们就一起出去吃饭嘛。"我根本没有家庭的概念，我只觉得馆子里的菜多好吃啊，一餐十几个菜，吃都吃不完。不像家里，因为只有两个人吃饭，菜少得可怜，甚至因为人少，我妈连菜的样子也不太在意，炒熟就行。

每当这个时候，我爸就跟我说："你快跟你妈说说。"我妈就很生气地说："那你每天跟你爸吃饭吧，我不管你了。"

而我则一副你爱管不管的样子。

我觉得他俩没有爱情。不然为何连吃饭都不愿意在一起。

初中的时候，每当听说有人父母离婚了，大家都会很震惊，觉得那个同学特别可怜。一开始，我也是这么想的，所以父母吵架一提到离婚，我就会呜呜呜地哭，不知所措，然后跟妈妈保证我以后再也不惹她生气了，我以后一定好好吃饭，我以后再也不站在爸爸那边了。然后妈妈就抱着我呜呜呜地哭。这种戏码上演过几次之后，我再被妈妈搂在怀里时，看到了爸爸特别无所谓的样子，我突然就走神了。我想这么多年反反复复他俩都没离，我凑什么热闹啊。

离婚提多了，不仅伤感情，也让当事人和我都疲倦了。

直到有一天，我妈又说要离婚的时候，拿出了一张纸，上面写着离婚协议书。我妈把所有的条款写好，只差我爸签个字了。

我惊呆了，看来我妈真是铁了心要离，我又哭成了泪人，抱住妈妈死活不让她把离婚协议给爸爸，然后趁他们不注意一把抢过来，撕掉！

我爸一看我把妈妈的离婚协议撕了，突然大笑了起来。我那时好恨我爸，觉得他根本没有任何想维护家庭稳定的意思,总是把维护家庭稳定的责任交给我。

我觉得他俩之间没有爱情。不然为何说分手就分手,说离婚就离婚。

此后,我再也不觉得别人父母离婚有什么大不了,也许唯一的可能就是他们家没有一个像我一样能稳定家庭关系的孩子吧。

随着我年纪越来越长,我越发觉得过去父母离婚的戏码是场闹剧。而当我真的用心去听他们争吵的内容时,我发现每次都高度一致,从未有任何新鲜的信息。

我不止一次哀求过他俩,你们能不能一次吵架就把这个问题说清楚,不要黑不提白不提,吵累了第二天什么都忘了,下次又从头开始。你俩觉得没事,但周围的人听起来特别崩溃啊。

但慢慢地,随着自己越来越会观察事情,我发现我爸和我妈每次吵架都是我爸先惹事,然后我妈爆发,然后我爸丝毫不服软,然后我妈持续发脾气……然后再靠时间去掩饰一切问题……

我也发现了,每次全家一起逛街,只要我妈多在某个服装店停留一会儿,我爸就不耐烦地走很远,根本不会等我妈。

我曾经很严肃地问过我爸:"你爱我妈吗?如果不爱的话,

为什么让她、让你都那么难受呢?何不离婚就好啊。"

我爸板着一张脸说:"别跟我扯这些没用的。"

我问我妈:"当初你为什么要嫁给我爸呢?"

我妈特别没出息,因为一提到往事,她便回归少女的羞涩。

那时我爸是一家医院的团委书记,管大家的作风纪律。我妈从小被外公娇生惯养,到了医院工作之后,每餐饭都打三四个菜,每个菜吃两口就倒了。我爸实在看不下去,就很生气地找我妈谈话,批评她资本主义小姐作风,太随意,太不尊重劳动人民的成果。

我妈年轻时挺美的,追求她的人也挺多,但不知怎的,因为老被我爸批评,就对我爸产生了感情……

听完我妈的故事之后,我有点儿恍然大悟,从一开始他俩就是一个愿打一个愿挨。

我鼓起勇气继续问:"那我爸爱过你吗?我怎么觉得他一点儿都不在意你?"

我妈和大多数女人一样,没人提爱情的时候,她就拼命要对方用实际行动来证明。一旦有人质疑她没有爱情的时候,她就很得意地随随便便能举一堆例子。

所以你也不知道她到底心里在想些什么。

比如最能证明我爸心里有她的一个故事，是我外婆说的。

那时我妈刚生完我没几年，交谊舞开始流行，我妈每天晚上都出去跳舞，特别拉风。我爸的性格属于那种明明脸上挂不住了，嘴上又不好意思承认，总问我妈什么时候回来。

我妈以为我爸只是问问而已。突然有一天，外婆千里迢迢从江西来到我们家，一进门就批评我妈，说我妈为什么每天在外面和别的男人跳舞，连家和小孩都不要了。那时我妈才反应过来，是我爸跟我外婆告的状。

想着我爸工作的样子，想着我爸平时对我妈的态度，又想着他因为吃醋跟外婆告状的样子，我爸活得真是很辛苦啊。

写到这儿，我觉得我爸和我妈是一对奇怪的夫妻，明明有感情，平时又不承认，明明也在意对方，可每隔一两天就要争吵，每次争吵都是一样的内容，每次吵架的结果都是撂狠话，显得事态严重。

正如我写的那样，我爸我妈的关系，从一开始他们自己担心，到后来我担心，再到别人担心，再到今天没有谁再担心了。

当任何事成了常态时，就失去了当初的伤害力。无论是好的，或是坏的。

你父母之间有爱情吗？

换作以前，我一定信誓旦旦地说只听过，没见过。

27岁那年过年，郴州大雪封城，家里没有水没有电，路面上不是雪全是冰，很多人摔成骨折。我特别害怕爸爸妈妈会摔跤，每天都打电话提醒他们。我妈在电话里听起来乐呵呵的，一点儿都不因为没水没电而难过，想当年她会因为孤独而跟我爸闹离婚，现在没水没电她居然毫不在意，简直令我吃惊。

等到我除夕夜那天赶到家，从奶奶家吃完晚饭出来，我看见我爸和我妈并排走在前面，我爸拉着我妈的手，他走一步，她走一步。我妈每走一步，都伴着害怕的叫声靠在我爸身上，我爸就像小伙子一样咯咯地笑，嘲笑我妈的胆小。我爸还会假装去推我妈让她站不稳，特别幼稚。

那时，我终于明白为什么我妈开心了。

晚上回到家，我假装不经意地问我爸："你今晚一直牵着我妈的手不放，平时逛个街连等都不等，是几个意思？"

我爸愣了一下，马上冷静地说："逛街有什么好等的，有手有腿的，让人看见多不好。"

我扭头跟我妈说："你看，他不是不等你，只是觉得不好意思而已，所以你别再抱怨他不爱你了啊。"

我妈看都没看我一眼，一边看电视，一边嗑瓜子说："我知道。"

后来

我妈对我说:"你小时候,我和你二姨在外婆家听见外面很多小孩在吵架,有个小女孩口才特别好,三四个小孩围着她吵都没赢,二姨怕你吃亏,就出去找你。然后发现你就是那个小女孩。"

我妈问:"你那个'秒杀你家小狗刘同喜'的视频为什么会有一百多万人看?好可怕。"我一听就蒙了,谁秒杀了刘同喜???没有人秒杀它啊!争执一会儿才明白,我妈说的是"秒拍"。

双十一,我妈早早投入到血拼的战斗中。其实家里还有去年买的洗涤剂、前年买的洗发水、各种大促买的好多好多卷筒纸……我跟她说:"妈,因为便宜买没问题,但因为占便宜而买就亏大发了。"我妈沉默了片刻,说:"我们占了便宜,可以送给别人啊。"

我跟我妈说:"这一趟出差好久啊,感觉一个人,总是漂着,好不踏实。"我妈说:"你在我这儿已经出差十五年了,我这十五年和你一样的感觉。"

我爸很少给我打电话。昨天他终于给我打电话了。接电话之前,我暗自窃喜了一下,酝酿了要跟他说的一些话题。电话接通我抢着说:"爸爸,你终于想起我了呀。"就听见我爸在电话那边说:"喂,喂喂,喂喂喂。你听得到吗?我这个电话好像老是听不见别人说话的声音,坏了,你给我买个新手机吧,没事了。"

为什么最亲近的人反而离得最远

写下这篇文章,就是希望我妈能看到,当她以后再动不动就凶我、骂我的时候,能想起我是如此全心全意地爱着她。

看过《你的孤独,虽败犹荣》的读者在微博里给我留言:"我喜欢你写妈妈节约的故事,让我想到了自己的妈妈。原来,全世界的妈妈在我们看不见的地方都是一样的。以前,我也特别不能理解,后来看了那篇文章,我突然觉得如果有一天我们也为人父母了,也许会变成跟妈妈一样的人吧。"

与读者的会心一笑相反,我妈看到这篇文章的第一反应是生气。

她对我说:"我哪里有你写得那么吝啬,我还不是为了你好。"接着又啪啦啪啦把家庭的苦难史重复了一遍。

以前的我会生气,现在不会了。

很多事接受不了,也许不是事情本身不合理,而是你没想明白。

关于妈妈节约的事情,我算是想明白了,无论她如何表现,我都知道她的目的是什么,只是她的表达方式出了问题,而不是故意为难我。

所以我才会记录下我妈那些令我哭笑不得的话。

比如某天一大早,我妈给我打电话,说过年的时候家里用了好多好多电,我沉默了一会儿,做好了报销电费的准备。她却紧接着说:"家里那些电器我都不打算用了。"

再比如有一次,我给她和爸爸买新床垫,为了找到合适的床垫,我研究了好久,然后拨通了她的电话。

"妈,新床垫是需要偏硬的,还是偏软的?是需要棕的,还是乳胶的?薄一点儿还是厚一点儿的?一米八还是两米的?"

"要那个最便宜的。"

…………

朋友说:"好羡慕你和妈妈的关系,什么都能聊,什么都能写,你和妈妈之间应该没有死角了吧。"

朋友说的"死角"这个词,我理解的大致意思是:人与人的关系里,那些不能触碰、无法交流、百思不得其解的部分。

看过一个电影,一群老年人住在印度的破烂酒店里安度晚年，其中一对老夫妻70多岁了，虽然生儿育女相依为命了几十年，可两个人不了解对方的习性，不谦让对方，心里的秘密也不让对方知道。

所幸的是他们都知道这是他们最大的遗憾，在影片尾声，妻子终于说出了这些感受，然后和平分手。虽然伤人，但只有受伤才有愈合，总比一直隐隐作痛好得多。最后编剧借电影人物之口说：如果两个人之间彼此真的相爱，那么关系里就不应该有死角的部分。

可真能做到这样的人，又有多少呢？

回到我和我妈，如果说还有什么事让我无能为力的话，或许就是她对我的理解。

我有预感，当我把以下的事情写出来时，她一定会冲我大发雷霆，恨不得从来就没有把我生下来过。但是我想对妈妈说：因为我们已经解决这些问题了，所以我才能把这些过程写下来。想一想曾经的我们，花了多少时间，彼此埋怨了多少，相互忍了多少才走到今天。如果我们的故事能给更多的人一些启发，也是好事。

我和我妈的相互不理解涉及很多方面，归结起来就是——她完全不能认真听我在说什么。

过去的很多年，当我无法准确总结这个道理的时候，我花了很多时间去解决我和她的各种问题，常常以她和我吵架，我撂狠话收尾。

现在想起来,好在我们是母子,好在我常年在外地工作,好在我和她待在一起的时间不多,所以我们再一次见面能假装什么都没有发生。可是,当我在她的世界里一次又一次遭遇挫折的时候,我再如何假装什么都没有发生过,心里还是会难过——我们是如此亲近的关系,为什么还会有问题无法解决和交流呢?

最容易发生冲突的事情之一:买衣服。

我爸说她年轻的时候穿什么都好看,但我没有出生看不到。后来我出生了,我妈就开始变成家庭妇女,不打扮,不买贵重的东西,一切从俭。现在她年纪大了,我想,如果再不好好打扮的话,我就没有机会看到她漂亮的样子了。

于是我就会带她去商场买衣服。

那么问题就来了。

我觉得好看的衣服,刚拿出来给她看,她看都不看就会说:"不要穿,不好看。"

我就只好放回去,继续看,每拿出一件,她都立刻说不好看。我耐着性子,继续挑,她却说:"走吧走吧,不好看,不适合我。"

一家,两家,三家,家家都是如此,我就彻底绷不住了:"你到底想怎样?今天的目的就是买衣服,你看都不看,试都不试，就一口否决，早知道如此，我干吗要浪费时间陪你上街买衣服呢？"

她小声嘟囔说："都说了不要买了，你自己偏要来。好了好了，那就买一件吧。"

那种感觉让我觉得——答应买一件衣服都是给我巨大的面子了。

终于安下心来选衣服，一件衣服还没试穿，她看了一眼标签就说不喜欢，为什么不喜欢，因为她觉得太贵……

我停下来，开始跟她争论买衣服这件事情本身的意义，吵着吵着，买衣服就以失败告终了。

最容易发生冲突的事情之二：买他们从未用过的东西。

无论是给他们换一个新的枕头或整套床上用品、新的电饭煲，还是买腿部按摩椅、智能马桶盖，每次我一开口说："妈，我打算给你们买一个……"我的话还没有说完，电话那边就说："不要不要，要这些东西有什么用。"语气里净是鄙视与嫌弃，好像我做了一件特别伤天害理的事。

我一听，脾气就上来了，开始数落他们现在用的东西哪里哪里不好，新的东西哪里哪里好，我妈一定听不进去，她会说："我们早就习惯了，不要再浪费钱了，我们也不会用。"

于是我又要开始跟她争论这其实根本就不是浪费钱的问题，而是希望他们的生活能够更好。

一谈到钱，我知道，我又进入她没完没了的死循环，失败就在不远处等着我。

最容易发生冲突的事情之三：给我爸的钱多于给我妈的。

这个就不用解释了，从家庭建立初始，所有钱就掌管在我妈手中，家庭成员手里的钱，必须经过我妈的分配，不然她就没有安全感。我刚参加工作那几年，因为这种事狠狠地与我妈吵过几次。结果又绕到了钱的重要性上……

关于这三类事情的争吵，占据了我和我妈相处的大部分时光。二十岁出头那两年，气到不行的时候，大过年我都会收拾东西搬到酒店住，我妈就会在家里哭，而我最为痛苦的就是——我都被逼成这样了，为何我最亲近的人就完全不能明白我在说什么呢？

有时候，我特别羡慕那种恋人关系，关系好的时候特别好，要断的时候也能断得一干二净，从此就是互不牵挂的陌生人。但我和我最亲爱的家人，无论吵得再怎么让我崩溃，她始终是家人，无法跟她断得一干二净。我也想学电视里说"从此我们恩断义绝"之类的可笑台词，但说断就能断，那亲人与恋人又有什么区别？说断就能断，这才是爱情最令人心碎的原因。

但这种周而复始的争论始终是无效的，这种短暂的逃避也是毫无意义的，问题若不彻底解决，只会愈演愈烈。

某年回家，我在列车上认认真真地思考了这个问题，拿出了纸和笔，把我和我妈的问题一条一条地记了下来。同行的老乡笑我真够无聊的，这种问题有什么好解决的，吵架不是天经地义的吗？不吵了，证明感情也淡了。

听了老乡的评价，我更深深地觉得这么做是正确的，没有人规定亲近的人应该是怎样的，所以我们习惯了一开始就养成的沟通方式，但"一直以来都是这样"与"这是正确的方法"完全是两个概念，太多人在生活里将它们混为一谈。

在列车进入车站的时候，我做了一个决定，既然无法改变我妈的沟通方式，那我就改变自己的方式，必须把她这辆运行了几十年的列车带入另外一个轨道。

我真的就这么做了。

回到家，我妈很开心，问东问西，等一切渐入佳境，我说我给你和爸爸订了两个特别好的枕头，对颈椎好，而且有薰衣草的味道，能让你们的睡眠更好。我妈一听，果然立刻就说："不要，不要，没什么用。我们这个就很好，你不要老搞一些奇怪的名堂，我们不是你，你不要企图来改变我们的生活。"

换作以前，估计我又要开始收拾行李搬到酒店去住了，不仅浪费钱，而且凭什么——每次！都是！我！搬到！外面！去住！啊！我把这个念头忍了下来，告诉自己：千万别生气,一生气就掉坑里了。

估计我妈也做好了和我坚持斗争的准备,她正等着我妥协,或者发飙。

我说:"妈,我想问你一个问题。"

她说:"啊?怎么了?"

我说:"其实我能接受你拒绝我,也能放弃给你们买东西的计划。只是我在想,每次我向你提出某个建议的时候,你真的有在心里或者脑子里想过这究竟是个什么东西吗?它的样子、它的好处、它的颜色、它的功效、它的价格、它在哪里买的……你有想过这些吗?还是说,你根本听都不听,直接拒绝了。"

我妈一时语塞。

我接着说:"但是你知道吗?我在给你和爸爸买一个东西之前,我要问很多朋友,要上网查很多资料,要对比价格,还要看是不是真的适合你们,以及看很多用过的人的评价,做这些事情要花费我好几个小时的时间,最后我确定之后才会鼓起勇气,很兴奋地跟你说这个决定。但是你一秒钟就拒绝了我。我后来想通了,其实你用不用这些,我都尊重你的意见。我生气的原因是我觉得你非常不在意我为你们做的一切。"

我妈一听,立刻就慌了,连忙说:"不是这样的,我只是怕你浪费钱。"

一看我妈又绕到了钱这个字上,我才不要进入她擅长的领域被她狂扁。我接着就说:"暂且不说是不是浪费钱的问题,我只想把我的感受告诉你,如果是因为钱,我们可以直接说钱的问题,但我希望得到你和爸爸的肯定。以后不要一上来就否定我做出的努力好吗?"

她点点头,觉得自己能做到。

自从她答应认真听我把我要说的事情说完之后,我都会提前做好台词演练,凡是我想推销给她让她使用的东西,没有一个不成功的,我太了解我妈了,根本不会给她任何拒绝我的理由。

因为首战告捷,我开始尝到改变自己态度的甜头。再去买衣服的时候,我再也不会因为她不配合而生气了,以前我的强势让我妈觉得我只是想花钱买孝顺,她认为直接把钱给她更孝顺。我就对她说:"很多人的妈妈已经身材走样,穿不了这些有款式又好看的衣服了,现在趁着你还能穿,我特别希望你能打扮得很漂亮,当有一天你不需要这些的时候,我的钱也没办法为你花了。你穿这些衣服,不是为了自己,而是我会因此特别开心。"

其实后来我发现了,只要我说自己很难过,我妈会比我更难过。我说我开心,她就会比我更开心。以前的沟通,我从不说自己的感受,只强压给她,她多少会抗拒。而现在,她会因为我而接受这些,从而喜欢上这些,这真是一件特别特别美好的事啊。

我和她的争论越来越少了，有一天她说："你知道为什么我不喜欢你把钱给你爸爸吗？因为他老是打麻将、输钱，我担心你给他的那些物业费、水电费都被输光了，那该怎么办？"我妈一副特别害怕我爸因为赌博而导致家破人亡的表情。

　　哈哈哈，哈哈哈。我大笑了起来。立刻告诉我妈："如果他真的把这些钱拿去赌博了，那么我们就没有钱交物业费水电费了，你觉得我们家会停电停水吗？"我妈说："当然不会，我一定会去交啊。"我说："对啊，即使他输光了，我们家也不会受影响，而且明年我就不会把这些钱交给他了啊，这样一来，他不是就不能得逞了吗？"

　　我妈转念一想，觉得好像是这个道理。我赶紧打蛇随棍上："再说了，我爸压根儿就没有乱花钱，他也不赌博的，如果真的发生了，你怎么甩脸色都行，我一定站在你这边，他也能知道为什么。但是你都没有抓到他的把柄，凭空杜撰，你不舒服，他不舒服，我也不舒服。对吗？"

　　那一刻，我觉得有点儿好笑，也产生了一些错觉，我感觉自己是妈妈的爸爸，妈妈是我的女儿。在父母面前，我们总是把自己当成孩子，所以一直觉得我们要被理解、被呵护、被教育。但不知从哪一天开始，我们了解的世界更大了，知道的事情更多了，我们已经把父母远远地甩在了后面，我们懒得和他们沟通，懒得教他们学习新的东西，这并不是不耐烦，而是想当然地认为，他们是父母，他们能把我们教育成人，他们怎么可能学不会这些呢？他们只是不想学而已吧。

我教我妈学微信，教了一个小时，她学不会，我就放弃了。后来，她主动用微信和我聊天，我问："你怎么学会了？"她说："隔壁有个KTV，说是朋友圈集齐五十个赞，就可以打三折，我就装了微信，而且让老年大学的同学都装了，我们现在每天都轮流点赞去唱歌，特别便宜。"

听完她说这些，我很自责。妈妈不是学不会，而是我没有找到让她真正感兴趣的点。

后来，我也学聪明了。几个月前，我教她如何使用微信进行付款，在电话里说了半天，她依然学不会。我就用自己的微信给她转了两千块钱，然后告诉她，如果在规定的时间你不收款，放在你的银行卡上，这个钱就要被扣10%的手续费。

我妈一听特别着急，立刻去了银行，给自己的卡开通了手机银行，绑定、设密码、收款，不到两个小时全都搞定了。

我问我妈："怎么一下子就学会了？"

她很淡定地说："怕钱被银行扣掉啊。"

几年前，我在列车上写下的文字是关于为什么我和妈妈总是会争吵，又解决不了。今天，我写下这些文字是关于我终于知道如何和妈妈沟通了。这是特别令人开心的一件事。

时间跳转到我刚大学毕业那一年,我妈那时就告诉过我答案,只是那时的我只顾得上自己,却忘了这些,直到最近才想起来。

那时,很多同学毕业之后都要回自己的家乡,我跟我妈说:"我不想回郴州工作了,我想留在长沙。"她说:"只要你喜欢就好,长沙离家里也不远,火车四五个小时就到了,可以的。"

又过了一年,我跟她说:"我打算去北京工作,北京很远,有可能我们一年只能见一两次了。"她还是这样对我说的:"只要你喜欢就好,如果你和我们待在一起不开心,也不是妈妈愿意看到的。"

我们总是用与外人交往的方式去评判自己与亲人的沟通,却忘记了这根本就行不通,因为父母所做的一切的出发点都是希望我们开心,只要告诉他们我们开心,他们就一切都好。

后来

读中学的时候,要十块钱零花钱都很难。但我突发奇想要考北京广播学院(现在的中国传媒大学)的播音系时,我妈居然二话不说就给了我五百块,让我去湖南师范大学参加专业考试。

我普通话很差，也从没有参加过专业训练，初试就被淘汰了。

过了好多年，我突然问我妈："你那么抠门儿的一个人，为什么会舍得给我花五百块，让我去做一件根本没有希望的事情？"

我妈说："我就是想让你看看外面的世界有多大。"

那么多年以来，我常常觉得父母不理解我，束缚我，不认同我，可只要一想到这件事，我就理解了他们。他们的不理解，束缚，不认同，其实都是希望我们变得更好，他们只能用那样的方式保护我们。可一旦我们有了一点点光芒，一点点可能变好的希望，他们都会站在我们看不见的地方，推我们一把。

我的几位同事：有一位从小生活在农村，一个月生活费不过一百块，因为他想来北京学美术专业，爸爸就把家里所有的积蓄拿出来支持他。

有一位因为老师带主观色彩的批评伤害了自尊心，妈妈站在她身边为她说话，最后办理了退学。无论周围的亲戚如何指责这是冲动，妈妈依然相信女儿一定能出头，找到自己的价值。

还有一位准备了一年的考研，因为工作最后一次复试与考研的时间撞期，他不知道如何抉择，去问妈妈的意见。妈妈说："当初你上北京，是你自己的选择。今天你比我和爸爸走的路更高更远,我们的能力已经帮不上你了,但是你做任何选择我和爸爸都会支持你。"

这样的故事,发生在我们每一个人的成长过程中。

事后回想起父母说的每一句话,都那么那么戳心。

我们迷茫,父母更迷茫。

我们迷茫青春的迷茫,他们迷茫如何让我们不那么迷茫。

谁的青春不曾迷茫,幸好父母一直站在身旁。

不要努力

和别人

成为好朋友

好朋友不是通过努力争取来的,而是在各自的道路上奔跑时遇见的。

一起达成一个目标,分享不同的价值观,关键时刻能彼此给予安慰、鼓励和帮助。

你有你的生活,他有他的生活,就像各自独立的一条腿,搭在一起才能走得更远。

用自己的时间去依附别人,当有一天他们枯萎了时,你也将变得一文不值。

第五章　心里住着一个年轻人

记住一个人，
是记住了他身上的所有。
比记住一个人印象更深的，
是记住了他影响自己的一切。

你的孤独

李欢,我是杨桐。

你放心吧,我会陪你一起坐 K600 来北京。

现在我对北京很熟,

也会带着你到处逛,

你想去的地方都可以去,

天安门、长城、故宫、颐和园。

想吃的烤鸭和驴打滚都可以吃。

我还会带你去北京最高的楼。

你肯定不会失望的。

你见过真正孤独的人吗？真正孤独的人是怎样的？

我觉得李欢就是我见过接近真正孤独的人。

他是我的初中同桌。

杨桐 2020/4/6

引子

1998年秋天。

13岁的李欢一动不动地躺在操场角落的石阶上，身上盖了一条床单。

我站在他旁边，悲伤的情绪压得我喘不上气。操场很安静，只有风声，呼呼作响。

我张了几次嘴，却说不出话。我试着一步一步靠近李欢，想再摸摸他。

这是我童年最好的朋友，也是我的同桌，就这么躺在我的面前，停止了呼吸。为什么我一句话都说不出来，甚至连眼泪都流不出来？我很懊恼，难道我和李欢的关系就那么浅薄吗？我急需大哭一场来证明我和他之间的友谊。

无论我怎样做着狰狞的面部表情，就是挤不出一滴眼泪，脸都憋红了。

我想也许是因为我不够投入，于是就走上去一下趴在他的身上，想感受那种痛彻心扉。

我一趴上去，李欢"哎哟"了一声，立刻弹坐起来。

"你要吓死我？！"

"不是，我在酝酿情绪啊。"我很无辜。

"算了，算了，我算看出来了，如果我死了，你根本就没话跟我说，你脸上怎么一滴眼泪都没有？！"李欢很失望。

"不是……因为你没有真的死，所以我根本就没有办法投入。"我急忙解释。

"你可以不哭，但是你总要说点儿什么吧？比如我在你心里是个什么样的人，你很难过失去了我什么的？这些不会说？"李欢循循善诱。

我思考了一下，说："那就再来一次。"

李欢说："你认真一点儿，我真的很想知道如果我死了，我最好的朋友会怎么评价我。"

我点点头。

"李欢，你是我最好的朋友，你带着我逃课，带着我打游戏，带着我看漫画，你让我看到了一个不一样的世界。老师说安排我们做同桌是一种错误，但是我觉得这是我人生最幸运的事情。因为和你做了同桌，我就不能和别的女孩做同桌了，就不会被开那些奇怪的男女玩笑了，虽然他们也会开我俩的玩笑……"我用十分悲伤又蹩脚的演技对我们的关系进行着悼念。

李欢躺在那儿，把床单一掀："停停停！算了。我越听越觉得我的离开对你的人生是一件好事。"

我们从操场最里面的台阶转移到了双杠。

操场的双杠上，我和他横躺在上面，看着天空，想大海，想一头扎进去。

"你好奇怪，为什么想知道自己死了之后别人的看法啊？"我问。

"奇怪吗？不奇怪吧？因为我想知道别人是怎么看我的。你没想过吗？"李欢反问我。

"死了之后？我不敢，我怕死，不敢想。"我连忙摇头，沉默了许久。

"杨桐，如果我真死了，你会怎样？哭？难过？一个人躲起来？"李欢问我。

"你为什么要死？你可别做傻事啊！"我一愣。

"哎呀，我当然不会去死，我只是问你这个问题啊。"

"如果你死了，那我就去集齐七颗龙珠，把你复活。"

李欢突然笑起来,拍了一下我的后脑勺:"你都初一了,怎么还那么幼稚。"

上课铃声从教学楼传过来,李欢和我从双杠上一跃而下,背着书包朝教学楼跑去。

如果不仔细回想,我都忘记我和李欢是如何成为最好的朋友的了,毕竟初一报到第一天我俩成为同桌时,我是不喜欢这个人的。

1. 我和李欢是如何成为好朋友的

初一开学,报完到大家纷纷走进教室找自己的座位。

其他同学都是一男一女做同桌,只有我和李欢是两个男孩坐一起。

发现这一点时,大家都笑我们。

李欢伸出手对我说:"以后请多关照。"

我伸手也不是,不伸也不是,前后座的同学笑得要死,我越发尴尬。

李欢把手缩了回去,拍了拍我的肩说:"没事,别尴尬,我叫李欢。"

李欢和他的名字一样,没有任何青春期的烦恼。

上学迟到,站起来回答不出老师的提问,考试总不及格,他一点儿都没往心里去。他上课睡觉时,我发呆地看着他。我羡慕他可以毫不在意老师和同学的看法,自由自在,同时我又对此忧心忡忡，他这样的人，怎么读高中，能考上大学吗？他的人生又会是怎样的呢？

一次班会，同学们都在讲台上发言说自己的理想。上台的同学想成为记者、医生、警察、科学家……李欢看着他们低声问我："你长大了想干吗？不会也是记者、医生、警察、科学家什么的吧？"

我捏紧了自己的发言稿，我的发言稿上写的正是自己未来想成为医生。

我说："怎么？记者、医生、警察、科学家不好吗？"

他说："不是不好，而是大家都觉得好，感觉是大家的理想，不是自己的理想。"

那时我们初一，李欢这句话特别拗口，我脑子里反复消化了好几次才理解，他的意思是每个人要有自己真正的理想，而不是去说一个大家都觉得好的理想。我确实不喜欢医生这个职业，因为我爸妈都是医生，每天加班，我总吃剩饭，很烦。

他凑过来，想看我的发言稿。

我往抽屉里一塞："我的理想是当厨师。"

他笑了："什么？为什么？"

这时老师喊到我的名字，让我发言。我走上讲台，酝酿了半天，完全忘记了发言稿的内容。我想起了李欢刚才说的那句拗口的话，就说："我想当一名厨师。"全班笑了起来，李欢也笑了。我站在讲台上，明显感觉到其他人的笑和李欢的笑不同，其他人是嘲笑，李欢是开心的笑。我说："我父母是医生，所以常加班，我总吃前一天的剩菜剩饭。如果我是厨师，不仅每天可以吃到自己想吃的东西，也能让爸爸妈妈回家后吃到好吃的。"说完，我都被自己感动了，大家的嘲笑停了，我觉得他们也被我感动了。

老师说："虽然杨桐的理想和大家的不一样，但这是他发自内心的感受。虽然不推荐，但是很真诚。"

我回到座位上，李欢向我竖起了大拇指。

没过两天，老师找到我爸妈说我的思想有点儿问题，成绩那么好，但想当厨师，恐怕对我的未来有影响。老师还帮我父母分析说我可能是被李欢影响的，他的理想是当火车司机，只是因为可以不买火车票就去北京。

那天之后，班上同学就给我和李欢起了外号：厨子和马夫。我超不爽，李欢却说："没准过了三十年，我们都把别人的名字忘记了，但别人一定记得马夫和厨子这两个外号。我们永远活在别人心中嘛！"

后来，我和李欢熟悉起来，我就问他："你明明和我们一样大，为什么说话总是好像一个老人？"他拍拍我："厉害，因为我奶奶每天都是这么教育我的。"

"你爸妈呢？"我问。

李欢的脸突然扫过一块乌云，但稍纵即逝："我爸妈和你爸妈差不多，他俩做生意，没时间管我，所以我和奶奶生活。他们就负责给钱就行。"

我看着他，一副羡慕的表情："如果我父母不管我，只给钱就好了。"

他却说："呸呸呸，别这么说。"

开家长会，李欢特别怕奶奶生气，奶奶却说："成绩好有什么用？你爸成绩从小就好，你看现在做的是人做的事吗？又是打架又是离婚，还让咱俩相依为命，钱也没给多少，你说成绩好有什么用？善良才有用！你善良就行。"

考试试卷需要家长签字，奶奶让李欢自己签。李欢说不行，老师发现了会骂人。奶奶说："你考得又不好，还让我签字。老师就是诚心气我，我身体本来就不好。我看啊，试卷就不应该让家长签字，考得好不用签，考得差更不用签。"因为这些，我先喜欢上了李欢的奶奶，而让我对李欢的印象真正有改观的事，是我俩打输了一场架。

从学校到我家有两条路：一条大路、一条小路。大路人多，但比小路要多走十分钟。小路偏僻，但离学校近，一般赶时间我就会从小路走。那天我急着回家看动画片，就从小路走，没想到偏僻的角落里突然冒出三个小混混，也就十几岁的样子，要搜我的身，说是盯了我好长一段时间，每天来等我，等了七八天我才出现，如果不让他们抢到一点儿钱，就打死我。我吓得不行，赶紧把书包打开，打算将爸妈给我的一周的午饭钱交给他们。掏钱时，我还安慰自己："人家等我等了七八天，够辛苦，换我等别人，早就气炸了，哪里还能心平气和……"

我正准备把五块钱给他们，突然，李欢出现了，他一把抓住我的胳膊："别给，收起来。"李欢比我高点儿，但也挺瘦。三个混混一看有人坏事，就走近李欢，想用嚣张的气焰吓倒他。李欢二话不说，抓住个子最小的那个，直接一拳上去，一边打，一边喊我："别管另外两个，我们打死这个小的。"我和三个混混都没见过这样的打法，小个子混混不停反抗，李欢挥拳如雨，两个大个子不停去拉他踹他，脚脚到位，但李欢根本无所谓，完全不管，继续猛揍小个子。我一看这个场景，立马血脉偾张，把书包脱下来放在手里当武器，也开始往小个子脸上猛甩。其中一个大个混混开始揍我，我把书包甩得乱七八糟，也被他揍了几拳。李欢渐渐处于下风，被推到墙边，一大一小两个混混联合揍他。他看准机会，抱紧小个子，死不撒手。小个子哀号："你们别打他俩了，快帮我弄开！这小子疯了。"

李欢凭一己之力赶跑了混混，却也被揍得鼻青脸肿。

他问我："你没事吧？"

"早知道我俩都会被打那么惨，给他们五块钱不就好了。那么痛，难道还不值五块钱吗？"

"你太幼稚了。"他摇摇头。

"啊？"

"如果今天他们在你身上抢到了五块钱，以后没钱都会来找你。今天我们打了一架，他们还敢来吗？他们不敢了，抢你这五块钱还不够麻烦的！"我立刻觉得他说得好对。

"果然成绩好有好处。"李欢嘟囔。

"怎么了？"

"你看我不读书，书包里啥都没有，打架都没有武器。我刚看你把那书包甩得跟流星锤一样……以后我也要多读书。"

我第一次听说读书是为了打架，但因为是李欢说的，我觉得还蛮有道理的。

我就跟他说："为了谢谢你，那我来教你。"

2. 原来李欢是李荒

李欢并不擅长学习。

一道题我讲半天，他也不明白，说着说着，他就开始和我聊别的。比如，我正在跟他解释什么是系数什么是次数，他突然问我："你孤独吗？"

？？？

我才初一！我为什么要孤独？孤独不是成年人才会有的感受吗？

他看我一脸蒙，继续说："孤独就是指这个世界没有人在意你。"

我摇摇头。

"你不觉得自己孤独？"

我点点头。

轮到他摇摇头了："你还太年轻，不懂一个人存在的意义。"

我一愣:"什么存在?存在什么?"

课间,前后桌的同学正在讨论"你以前是哪个小学的?""你的书皮是哪里买的好漂亮哦!""你家养了狗吗?我家的狗叫盼盼",而李欢却在问我"你了解自己吗?"。我陷入了沉思,这个同桌是不是精神上有什么问题?他从抽屉里拿出一个瓶子,很神秘地小声问我:"你猜这是什么?"

那是一个白色的塑料瓶,他把盖子打开,里面是白色的药片。他看我很无知的表情,继续悄悄说:"这是安眠药,今晚我爸妈会来奶奶家看我,我打算吃安眠药自杀一下!"

"什么!你要干吗?"

周围的人停下来看着我们,李欢立刻把安眠药塞进抽屉,若无其事地说:"我知道了,单项式中所有字母的指数的和叫作它的次数。"大家又纷纷聊起各自的狗、漫画和最喜欢的港台歌曲。

他诡异地笑了笑:"嘘,你放心,不会有事的,自杀只是手段,被关注才是目的。"

那天我整个人都魂不守舍,总想告诉老师李欢想要自杀,但每次跟在老师背后走了一段又无法鼓起勇气,觉得自己辜负了李欢的信任。

周五放学,我对李欢说:"你千万不能死,我只有你这么一个朋友啊,我真的会哭的。"

李欢拍拍我的肩膀:"你放心好了。"

这一晚我没睡着，对着电视却一个画面都看不进去。周末也哪儿都没去，我怕一出门就会听见李欢的死讯。

周一，我早早地蹲在十字路口看着来往的人，时间一分一秒过去，李欢的身影果然没有出现。我眼眶不禁红了，我就这样失去了我最好的朋友。

泪眼蒙眬间，李欢像孤魂野鬼一样飘了过来，我哭得更凶了。

他飘到我的面前，不带任何情绪地说："你哭什么？快走，迟到了。"

"原来你没死！我是太开心了，就忍不住哭了。"

"我没死成。我怕自己吃完一整瓶就真死了，就在他俩来之前吃了五颗，想吓唬他们。第二天早上醒来，我奶奶告诉我他俩没来。"

他假装毫不在意，但我却听出了很深的失落。"我爸妈"变成了"他俩"，还有比这更令人难过的事吗？

他希望被人关注，却越发被人忽略。

李欢往学校走，低着头，背影很落寞，我似乎突然明白了什么叫孤独。

3. 选一个逃离的目的地

1999年，初二的秋天，飞鸟往南，涌起的风带着凉意，偶有一丝炙热。

这次假自杀就像往平静的初中生活中投了一块石子，漾起了几层波纹便恢复了平静。虽然他还是如往常那样说笑，冷不丁儿地问个超出我们年龄大纲的问题，但我也明显发现他走路的步伐似乎更沉重了一些，说话的语速也似乎慢了那么一些，以及说出来的问句更像是在问自己。

我们放学回家也换了一条会经过火车站有天桥的路。

每次路过，我俩便会站在天桥上待一会儿。

南来北往的火车拉着汽笛，转个弯就消失在了轨道的尽头。

"你坐过火车吗？"李欢问我。

"嗯，去广州。"我点头。

"我没坐过。"

"嗐，其实也没什么意思，很累的，而且很闷，空气不好，上面的饭很难吃。"我赶紧解释坐火车也没什么好的。

"杨桐，你这么说完我更想坐了。"

"……"

我觉得自己真不擅长撒谎。

"我奶奶说等我挣钱了，就带她去北京看看。她没去过，她想看天安门，想爬长城，想去故宫、颐和园，想吃烤鸭和驴打滚……"

"是你自己想去吧？"

"嗯，我也想去，我奶奶和我想的差不多。"李欢眼里放着光。

"那以后一起去吧,我想去北京读大学。"

"对哦,如果能考到北京读大学,那我就能更早去了。"李欢好像发现了什么秘密。

"但你这个成绩,老师说考上大学有点儿难。"我试探性地打击他。

李欢撇撇嘴:"那是因为我不知道读书是为了什么,如果我早知道好好学习可以去北京,那我早就努力了。"

"次数是什么?"我突然问。

他顿了一下,很潇洒地告诉我:"单项式中所有字母的指数的和叫作它的次数。"

"你可以啊。"

"有的人是学不会,我是不想学。"

李欢总能三言两语就把一件事情说得很清楚,我好佩服他。

一天放学,他很神秘地说要带我去一个地方。那是我人生第一次进电子游戏厅。

他带我站在不同人的身后:"你看,人家怎么操作的。"

飞机射击游戏、格斗游戏、打斗通关游戏、弹珠游戏、麻将游戏……我震惊了,原来在我不知道的世界,还有这么多新鲜古怪的玩意儿。

李欢问我想不想玩。

我说想。

他从兜里掏出五毛钱,去柜台买了两个币,一人一个。

我什么都不会，把币拽在手里，怕浪费。

李欢说他玩飞机游戏给我看，他操作的飞机在各种敌机和子弹中躲闪。我眼花缭乱，但他十分镇定，哪里会有子弹，敌机从哪里出来他都提前知道得很清楚。一关、两关、三关，他轻松就过关了，因为玩得好，我们身边就慢慢聚集起很多小孩。

李欢看我很想玩，就说："一共三条命，我如果死了第一条，你就玩第二条命，我再玩第三条命。"

我紧张起来，希望他立刻死掉，这样我就能玩了。但我又希望他永远不死，这样我就不会出丑了。我的心情很复杂，跟屏幕里敌机的枪林弹雨一样。

随着关卡的进展，难度越来越高，李欢操作的飞机在各种子弹中躲来躲去，围观的人发出"噢"的惊叹声。李欢左手轻轻推了推操作杆，将飞机挪到一个定点位置上，再将左手拿开，右手不停地摁射击键。屏幕上的飞机大 boss（头目）不停吐出火舌电光，满屏的子弹朝李欢的飞机涌来。我的担心提到了嗓子眼，李欢突然扭过头看着我："你看，我不用看屏幕也可以的。"

围观的小孩"啊啊啊"地叫起来，他们比李欢还投入。

奇妙的是，所有的子弹都从飞机身边擦过，仿佛那就是一个黑洞，任何子弹都会被吸走。

"你怎么做到的？"

"喀，我发现有个人很厉害，他知道所有的关卡设计，知道飞机躲在哪里不会被打到,我就总等着看他玩,就记下来了。"

"那你这么玩游戏还有什么意思?"我很疑惑。

"你们觉得我很厉害,我就觉得还蛮有意思的。"李欢也不掩饰。

我明白了,李欢在用新的方式去找存在感,我以为他已经放弃了,但他还在对抗。

我说:"不好意思哦,如果你不把第二条命给我,你还可以玩更久一点儿。"

"没事,没事,每个人都有适合自己的游戏,等你找到你那个游戏,你肯定会很厉害的。"

还没等我厉害起来,我和李欢就在游戏厅被校长抓到了。

因为是第一次,所以校长批评了两句就放我们走了。

第二天放学,我和李欢对视一眼,决定继续去游戏厅。校长昨天只是偶尔路过,毕竟他忙得很。没想到,我俩又被校长抓到,又是一顿批评。校长说,如果还有第三次,就告诉班主任,要全校批评。

第三天,我俩经过游戏厅时,迟疑了一下。

李欢说:"有句话怎么说来着?最危险的地方就是最安全的地方,校长应该不会觉得我们那么蠢吧?"

我思考了一下,认为李欢说得有道理,一般的正常人哪能在被威胁之后,连着三次去同一个游戏厅呢?

我俩刚掀开帘子走进去,就发现校长坐在游戏厅的长凳子上看着我和李欢。

"……校长真不是正常人的思维。"

"……可能咱俩才不是正常人的思维。"

升旗仪式上，我和李欢被点名批评。

我特别抬不起头，李欢安慰我打游戏又不是什么见不得人的事，别那么心虚。

我跟他说："不是因为打游戏，而是……唉……"

直到班主任让我妈来学校，我妈听完之后，特别来气，不停地戳我的脑袋："你说你学习累偶尔打打游戏就算了。你说我和你爸工作忙，放学了晚点儿回来也行。你怎么能连着三天都被校长在同一个地方抓到呢？你到底有没有脑子？"

我一下就被戳醒了。

我对李欢说："咱们聪明反被聪明误，不如笨一点儿，走远一点儿，去别人学校旁边的游戏厅，就没人认识咱们了。"

后来我们就再也没有被抓到过了。

李欢说的是对的，我玩飞机游戏不厉害，但是我玩格斗游戏很厉害。李欢恰恰相反，玩起格斗来就手忙脚乱。

他每次都会夸我："你真的很厉害啊，脑瓜子很好使。"

他喜欢看我和人格斗，无论我是输是赢，他都站在我的身后给我加油。

游戏币不便宜，两毛五一个，我和李欢常常捉襟见肘。突然有一天，李欢对我说："以后玩游戏不用愁了。"果然，之后每次买游戏币都是他买。我问他钱从哪里来的，他说他父母没时间管他,觉得愧疚,就每个月给他一笔生活费,让他自己管自己。

我说你爸妈还真挺好的。

他说是啊,他和奶奶都没想到。

只是,这样的好日子没过多久,一个周末我在游戏厅等他,等了半天他都没来。

李欢是个很靠谱的人,从我们做同桌开始,他就没有放过我鸽子。我等了他大半天,决定去他家找他。还没到他家,就发现他靠着路边的墙坐着,一看就被人打过,鼻青脸肿的。我连忙问怎么了,他淡淡地说遇见了上次的小混混,他们看他一个人就联合起来揍了他一顿。我很不好意思,觉得是自己害了他,就要扶他去我爸妈工作的医院。他说没什么大碍,休息一天就好了。我要扶他回家,他也不愿意,说怕奶奶看到会担心。

"但你总要回家的,总会被发现的。"

"等天色黑一点儿再回家,奶奶视力不好,家里也暗,那个时候回去就行。"李欢嘿嘿一笑,然后龇牙咧嘴地喊了一声"好痛"。

于是我就陪他坐在墙边,过往的行人都用异样的眼光看着我们。我低着头不好意思,李欢看出来了,就说:"你走吧,不用陪我了。"

"要不我们换个地方休息吧?"

"好痛,我懒得动,休息一下差不多能量就恢复了……你是觉得我们这么坐着,被人看,觉得丢脸是吧?"

我很爽地点点头。

李欢说:"这个好解决。"

于是路边的墙边多了两个用校服盖住头的少年,我们躲在各自的衣服底下吃吃地笑,数着行人的脚步,看着天色变暗。

这是我青春里最特别的一段回忆,也是我记忆中李欢在初中最后一次笑。

老师把李欢叫到办公室大声呵斥,教室里都能听见。

大家都说李欢惨了,直到我被老师叫到办公室,我才知道原因。

李欢买游戏币的钱并不是爸妈给的生活费,他的父母早在他小学时就离婚各自组建了家庭,他被判给了爸爸,但爸爸借着上学方便的借口,又把他扔给了奶奶。父母根本就没有管过他,买游戏币的钱是他去工地偷脚手架的十字扣卖给废品站得来的,一块五一个,他偷了十几个。我看着李欢,他回避我的眼神。我知道他并不是因为偷了东西愧对于我,而是我又一次知道了他被父母无视。他的世界里没有父母,所以才会问我觉不觉得孤独。他不过是想虚构一个自己相信的成长环境,却总被现实残忍地捅破。

老师问我知不知道李欢盗窃,我还没开口,李欢说:"他什么都不知道,钱也是我自己用掉的,和他一点儿关系都没有,你们别为难他了。"说这段话时,李欢没有看我一眼。回到座位上,他没理我。我想找他说话,他也刻意回避,放学拿了书包就扬长而去。

同学说李欢要被开除了。

我立刻跟在他后面。我知道他不好意思面对我,所以就一直在后面跟着。他从学校走到中心天桥,从天桥走到北湖公园,从公园走到火车站,从夕阳西下走到月亮升起来。在道口的天桥上,他看着火车远远开过来,又远远开走,而我站在桥下远远看着他。

14岁的人,却有着34岁的人的背影。

多年后他说:"其实那天我很想从桥上跳下去,让那些我讨厌的人自责。你是我最好的朋友,我想如果我跳了,最难过的应该是你和奶奶,所以我想自己可能搞错对象了,绕了一大圈就回家了。"

其实他没有回家,我一直跟着他,穿过了大半个城市,进了某个小区,看他进了一个单元门。透过楼梯缝隙,我看他坐在上五楼的阶梯上,五楼房间里传出孩子的哭闹声和妈妈的安慰声。李欢把头埋在腿上,压抑地哭起来。我瞬间明白了,这是他妈妈的新家庭,他难过的时候就会到这里来,在楼梯上坐一会儿,却不敢敲开那扇门。

突然,六楼有人开门,李欢像被惊吓的野兽般立刻站起来往楼下跑。我躲在另外一侧,看他边跑边擦眼泪,在心里发誓一定要对他好,要带着他一起进步,要一起去北京……

4. 如果每个人的命运都像一款游戏，那李欢的是什么呢？

李欢没有被劝退。

老师知道了他家的情况，可怜他，凑了一些钱帮他交了赔偿。

那之后，李欢就再也没有笑过，仿佛身上披了一张网，随时都能被命运捕获。我再也不让他掏钱了。我跟我妈说早餐喜欢吃面包，每天要吃两个，一共五毛钱。从此我不吃早饭，每天都能攒五毛，留着周末和李欢去游戏厅。他依然喜欢站在我身后看我玩格斗，但他对飞机游戏彻底失去了兴趣，改玩弹珠台了。从一个币只能玩十分钟，到一个币可以坐一下午。他就看着那颗珠子在屏幕里弹来弹去，两只手不停地拍着，分数一直增加，不停地破着纪录。

"这弹来弹去有什么好玩的？"

"就操作它不掉下去，你把它弹得越远越高，它就离结束越远。"

他应该只是在说游戏，但又很像在说命运。

15岁的李欢，操作着弹珠，使劲朝自己想去的方向弹去，碰撞中分数在增加，继而又进入隐藏的关卡。我想他一定很希望自己的人生能像弹珠一样，虽然在外人看起来杂乱无章，但也能靠着自己满满蓄力，破掉很多人的看法吧。只是命运使然，让他空像弹珠，之后的命运一次一次坠入谷底，人生的地图上写着game over（游戏结束），无法呼吸，无法反弹。

进入初三没多久，李欢回到家，奶奶坐在椅子上睡着了。他喊了几句，奶奶没有回应，他便知道，从此他只能靠自己了。

奶奶火化的那天，我一直陪着他。从头到尾，李欢都没哭，等人走完了，他爸问他接下来是要跟自己的新家庭一起生活，还是继续住奶奶家。他很礼貌地说："我就继续住奶奶家了，你那儿太远，我也不方便上学，而且马上就中考了，我就不折腾了。"

他爸说好，打开钱包给他留了一点儿钱，说有事再联系。

他把钱接过来，点点头，说："谢谢。"

我在一旁看着，觉得他冷静克制得可怕。李欢目送他爸离去，头慢慢垂了下来。我见他吸了一大口气，然后缓缓吐出来，像是有些东西在心里憋了很久很久。他低着头，眼泪掉落在地上，一颗接着一颗，他很小声地说，不知道是说给自己听还是在问我："要是真有七龙珠就好了……奶奶就可以活过来了……"

我的眼泪也涌了上来，却不知道该怎么安慰他，想了半天哽咽着说："你之前不是还说我很幼稚吗……"

他正感伤着，听见我这么说突然"噗"了一下，然后抬起头很无奈地看着我："你现在还是很幼稚啊……"

我一头雾水："什么意思……但你真的好厉害，如果是我，早就不知道该怎么办了。"

他讪讪地笑了笑："刚刚我爸给了我两个选择，听完之后，我突然发现自己能听懂大人们的言外之意了。"

"这又是什么意思？"

"以后你就懂了。"

李欢决定对自己的未来负责，我们发誓要一起努力，考上好的高中，考上北京的大学，一起坐着每天都能看见的火车去北京发展。虽然他的基础不好，但胜在聪明，初三学得很不错，中考也不错，分数在市重点分数线上下，肯定能进区重点。

李欢很兴奋，去跟爸爸讲了这个好消息，他爸却说："我现在买房欠了一大笔钱，你读高中、大学还有七年，你本来也不爱读书，不如早点儿进社会吧。我有个朋友是中专副校长，能帮你搞进去，包分配工作，你看呢？"

这又是一次借着讨论幌子的言外之意。

李欢没有选择。

于是，随着初中毕业，我和李欢走上了分岔路。那时我明白了李欢说的"我突然发现自己能听懂大人们的言外之意了"这句话的意思——你没有选择人生的权利，我给你的建议就是你的人生。

初三毕业后的那个暑假，是我们一起度过的最后一个夏天。

他在游戏厅不知疲惫地玩着弹珠台的游戏，我想他一定很想通过自己的努力改变人生的轨迹和方向，我也相信总有一天属于他的人生弹珠会朝着他希望的方向义无反顾地奔去。

在人生的分岔口，我朝他挥挥手，从此我去了高中，他去了中专。

5. 我们以为北京是我们的下一个落脚地

2001年秋天。

李欢就读的职业技术中专坐落在小城和县城的中间，鸟不拉屎，两头不靠，光是从市内坐公交车过去就要花两个小时。

从每天待在一起，到各自有了新的人生，我俩都不习惯。

我人生收到的第一封信是李欢给我寄的。信封上的地址只写着市实验高中高一班杨桐（十五中毕业）收。我收到信的时候很惊喜，他并不知道我是哪个班，但敢这么写地址的人也只有他了吧。

从信里我了解到他的生活。

他就读的学校成立没两年，教室和宿舍都是旧工厂临时改的，他学的专业是轴承。教科书上轴承的制作构成参数似乎都不重要，因为老师对他们说："别打架，别闹事，两年后安排你们去厂里，流水线上不需要知道课本上的这些。"信里还加了很多语气助词，我能读出他的轻松，他说："大家都说读大学，人生就会很轻松，没人管，我现在读的中专就是这样！上课老师不管，考试直接翻书，大家每天都在宿舍打牌，感觉毫无压力,特别爽。"

而我在信里则告诉他:"市重点很变态,早自习7点半就开始,晚自习要到10点,去食堂打饭排队都有人看书。没有人像你一样和我聊天,也没有人说好笑的笑话,大家互相问的问题仅限于书本,没有人问我孤不孤独,我现在真的好孤独啊!而且我们周末都要补课,我没有办法再去游戏厅了,如果你有时间就来看我吧。"

等了好几个周末,李欢真的来学校看我了。

他的样子吓了我一跳,头发很长,像个古惑仔。

"你……怎么留长发了?"

他淡淡地笑笑:"中专报到之前,去了一次理发店,小哥问我要剪多短,我突然想起来上一次我的头发是奶奶剪的,我就想留着奶奶剪出来的这些头发,只是修了修,起码……"他用手拨了拨额头的刘海,笑了笑,"起码这些头发都是从奶奶的剪刀下死里逃生的。"

他应该是想说:"起码这些头发是奶奶摸过的吧。"

虽然我们上个暑期还待在一起,但只不过一个多月没见,他好像完全变了一个人,瘦削,也黑,每句话和每句话之间都是句号,好像随时做好了结束聊天的准备。我俩走到操场,看见双杠,很有默契地翻了上去,横躺在上面。

"你还好吗?"李欢问。

这个问题瞬间让我很心疼他。如果是"你好吗?"或者"你怎样?",我觉得都没问题,但"你还好吗?"却让我立刻捕捉到他并不好的事实。

"你呢？"我反问。

他沉默许久："还是你先说吧，我就知道自己要跟你说什么程度的不好了。"

"哈哈哈哈！"我又放心了，无论他多惨，他都还是有自己的灵魂的。

"我怕我们不能一起去北京了……"

"怎么了？你不考大学了？"李欢侧着头看我。

"不是不考，而是觉得自己可能考不上。以前在十五中，觉得自己稍微努努力就是最好的，现在在实验高中，稍微走点儿神就是最差的。你知道我们班那些变态有多努力吗？这么说吧，都不提北京的大学每年在我们这儿招多少人，如果明早8点可以开始买去北京的火车票，我的那些同学应该去年就开始在窗口排队了。"

"学习能让人那么快乐？"

"可能是因为赢过别人比较快乐吧，就像你之前说的玩游戏一样。玩游戏不一定快乐，让别人觉得你很厉害比较快乐。"

"我不读高中真是可惜了。"李欢自嘲。

我知道他越是这样洒脱，心里越是难过："你读中专也一样啊，提早工作，提早挣钱，可以养我。"

"你想太多了，你不是张柏芝，我也不是周星驰。你是个厨子，而我是个马夫啊。"李欢笑起来。

我俩都笑起来，差点儿从双杠上摔下去，原来他一直都记得我那个奇怪的班会理想。

"那你现在想干吗呢？"我很认真地问。

"我也不知道。我就觉得在那儿过一天是一天，周围的人也和我一样。那你呢？真的想当厨师？"

"哈哈哈，我那时只是不想在你面前表现得很假，就随便说了一个，我也不知道以后到底想干吗，我就想变好一点儿，努力一点儿，别输给别人。去北京吧，去了北京可能就知道了。"

"那我呢？"李欢仰起头看天。

"我不想输给别人，是别人太厉害了；你不输给别人，是别被他们影响了。"我也不知道为什么自己突然说了这句话。

李欢侧过头："你……好的，我也要去北京！"

突然有人在操场边喊我，我跳下双杠，是我的班长，她把我的随身听交给我，说："师傅说你那个固定磁带的指针和齿轮歪了，所以总是卷磁带，让你下次去找他换一个齿轮就好。"

等班长走了，李欢也跳下来："这谁，挺好看的，你喜欢吗？"

我踢了他一脚："就你这德行，还去北京？"

他嘿嘿一笑："我走了！"

我以为人只要下了决定，就能朝那个方向跑过去。其实不是，最起码对李欢来说就不是。连着三个星期我都没有收到他的信，我在想他是不是出事了。

然后，信就来了。

读着信，我很难过，难道李欢就这样认输了吗？

李欢信里说他回去之后，特别努力，想认真学一点儿东西。晚上宿舍熄灯了，他就点着蜡烛看书。室友觉得影响他们睡觉，第二天就把他的书烧了，等他回来，他们还笑，并不觉得做错了什么。他便和室友们打了一架，结了梁子。

后来，为了不影响室友，他不在宿舍看书了，跑去教室看，等熄灯了再翻墙回宿舍，睡觉时却发现自己的床单上被浇了水。他问是谁干的，大家都装傻。他只能坐在床上靠着墙睡了一宿。

他想弄清楚机械原理，就拿着不懂的地方去问老师。老师看了他一眼，皮笑肉不笑地说："你毕业之后是流水线的工人，不是工程师。你搞懂了，也没有用武之地。"

还好他在最后写："你说得对，我不能输，我不能被周围的人给看扁了。"

我给他回了信，抄了一大段高尔基《海燕》里的内容。海燕是如何对抗暴风雨，又如何从乌云中钻出来。如果我们不幸遭遇人生的暴风雨，那就要努力成为海燕，而不是被席卷的一朵乌云。

之后，我没有再收到李欢的来信了。

他不是一个会放人鸽子的人，我想他最惨不过是被人打了一顿，正靠在街角墙边休息，等熬过这些天，又是一条好汉。只是我不能再像初中那样去找他,陪他靠在墙边舐伤。他一个人,应该没问题吧?

再见他时,我已经高二。

他在校门口站着,我远远地便看见了他。

他长高了不少,还是一样瘦削,头发更长了,到肩膀。

他看见我,眼睛一下亮了。但因为我身边有同学,他也就没有走过来的意思。

我大声喊了一句:"李欢!"

他跟我挥挥手,笑了起来。

同学说:"你还认识小流氓?"

我呸了一句:"我哥。"然后就跑了过去。

有太多的话想说,有太多的问题想问,以至于我不知道如何开口。

他也是。

我们就像两个智障,除了笑着看对方,谁都不知道该怎么正式开口。

他突然从斜挎包里掏出一个袋子给我:"主要是给你送个东西。"

我很疑惑,打开一看,是一个Sony(索尼)随身听。

"上次那女孩不是说你的随身听齿轮坏了吗?我就想着给你换个好点儿的。你妈那么抠,肯定让你修。"

我半晌说不出话,上次他明明是在调侃我们班长长得好看,问我喜不喜欢,他的注意力不是在班长身上吗?怎么会知道我的随身听坏了？他看我愣住，轻松地说："收下啦，你上次不是让我有钱了养你吗？"我很感动，我的随身听真的已经坏掉，而我妈真的不给我买，让我借同学的用！我拿着那个Sony，特别认真地端详了好几眼，确定真的是Sony，而不是Sany之后，本想认真问他这东西怎么来的，但一开口就变成了调侃："这不是偷来的吧……"

李欢脸红了，不知道该说什么，我心一沉："真的是你偷的？！"

他急了，又从挎包里翻出一张纸在我眼前晃了晃："你这人！我有发票的！但我不想给你，我怕给你造成压力……看到没，这是发票！"

我一把抢过发票，是真的，妈呀，三百多块，我妈之前给我买的那个京华的才七十块！

我越想越担心。"你哪儿来的那么多钱？"我很严肃地问。虽然我很惊喜，也很感激，但我真怕李欢去做了什么违法的事。

"所以在你心里，我就只会坑蒙拐骗咯？"李欢的自尊心似乎被我伤到了。

"我不是那个意思，你明明说你回去努力，但又很久不来信。突然来了，又给我一个这么贵的随身听，我总要知道它怎么来的吧？现在就买这么贵的东西，我以后怎么还得起？！"

"我送你就是希望你好好学习，不是让你还的。"

"你？是不是……"我萌生了不好的预感。

"行，我也没别的事了，你的同学还在等你呢。我走了。"李欢立刻打断了我的话，指了指远处的我的同学。

"他们不重要，我送你。"

"你别送了，我不值得你送。"

我盯着李欢："你好奇怪啊，你最近琼瑶阿姨的戏看多了吗？什么叫你不值得我送？你五分钟前才送了我一个值钱的东西，所以你也很值得我送啊！"

说完这段话，我和他都沉默了一下，然后同时爆笑起来。

"你是不是有病啊？"

"你才有病啊！"

"你到底怎么了？你肯定有什么事瞒着我？"

"杨桐，你会瞧不起我吗？"李欢突然从身上掏出一包烟，很顺手地拿出一支点燃。

看他那么熟练地点燃一支烟，我想他应该发生了很多事。

"只要你不做犯法丧尽天良的事，我就不会瞧不起你。"

"我退学了，和我爸断绝了父子关系，现在在我们常去的游戏厅打工。"李欢看着远处，快速地说完所有的信息。

我想起初中时，老师抓住他偷工地的材料，他也是这样不敢看我。

他还是怕我瞧不起他。唯一不同的是，初中时他直愣愣地回避我的眼神，现在他学会了伪装，假装在看风景，但其实余光都在看我的脸色。

上次跟我分别，回到中专之后，李欢想努力去改变些什么，但室友依旧，同学依旧，老师依旧。他去教导处问能不能转一个专业，不学轴承，改学汽修，起码这离他火车司机的愿望是最接近的。

教导处让他再交五百块改专业费。

李欢他爸一个学期给他一千五百块生活费，他咬了咬牙，从生活费里拿了五百块交给教导处。

他以为一切都会好转，直到去汽修专业上课才发现，教他的就是之前那个照本宣科教《机械原理》，自己却啥都不懂的老师。

老师看着他，笑了起来："你以为换个专业就能改变人生吗？你也太天真了。"

汽修专业的同学听到这话也笑了起来。李欢觉得很魔幻，老师明明在讽刺这个环境里的所有学生，觉得大家的人生都完蛋了，可为什么他们还在嘲笑他？

虽然再熬一年，李欢就能拿到文凭，但他不打算再自欺欺人了，直接辍学。

回家路上，他想得很清楚，他想告诉爸爸，如果继续读那个中专，他就没有未来，他打算重新念高中，希望他爸能支持他。没想到刚到家，他爸已经接到学校打来的电话，李欢什么都还没说，就被一个耳光打蒙了，他爸让他有多远滚多远，让他不要出现在他们的生活里。

李欢的脸火辣辣地疼，脑子里一片空白，他绕着城市转啊转,他想找我,却没有脸。

他想回奶奶家,却发现那间房已经被爸爸租出去了,租金一个月四百块。

他打算去妈妈的单元楼坐一坐,却发现那个单元门装上了防盗门。

他去游戏厅,买了几个币,靠弹珠台消磨时间,一直坐到深夜。

老板认识李欢,得知他的情况,问他愿不愿意晚上在店里守店,并给他安排住宿。

李欢没有别的选择。游戏厅那个小阁楼,成了他的新落脚地。

6. 原来在那些杂乱无章后还有那么多心思

"我走了,要交班了。"李欢看看手表。

"我和你一起去吧。"我突然说。

李欢一脸错愕,他完全没想到我会跟他一起去游戏厅。

"学习太累了,放松一下。"

"你不上晚自习?"

"没事,我晚上赶回宿舍就行。"

"那……好吧。"李欢笑了,我也笑了,我们笑的是同一件事,我们居然又能一起打游戏了。但我们笑的也是两件事,我笑我敢逃晚自习,他笑的是我居然没有看不起他,还要跟他一起去玩。

晚餐时间，游戏厅人不多，李欢拿了一把币给我："随便玩。"

确实很久没来了，游戏更新了不少，新的不会玩，老的没兴趣。我转了一圈，又走到李欢身后，他还在玩弹珠台，玩得眼花缭乱，煞有介事。我看了好一阵，问他："这到底有啥好玩的，各种灯，各种通道，弹来弹去，亮来亮去，不闹吗？"

李欢很认真地说："这是一个执行太空任务的游戏。"

太空任务？我看了看那个画面，哪里有太空？

李欢指着屏幕上的图案解释："这个黄色的是任务板，弹珠需要弹到这边领任务。领到任务，就要把弹珠弹到紫色那圈跑道上起飞，之后再根据不同的灯去完成不同的任务。你看中间有一圈九个小黄点，我已经点亮八个了……"

如果不是他的表情那么认真，我肯定会觉得他是在瞎编。在我看来，这个游戏就是乱按，乱弹，乱得分，原来这一切的杂乱无章在李欢眼里都是一个个明晰的任务。

"你什么时候发现的？"

"玩久了我就想知道它们分别代表着什么，后来买了本游戏杂志才知道这个游戏叫什么，怎么玩，慢慢就知道了。"

"你好厉害啊！"我发自肺腑地夸赞。

"咯……打发时间而已，没什么用。"

不知怎的，我继续看着他玩弹珠台，看着他操作弹珠点亮一盏一盏任务灯，点亮一盏一盏经验值灯，分数越来越高，我觉得李欢一定会找到一条出路。也许他觉得他的人生像弹珠一样毫无选择，但即使被人误以为没有方向的弹珠，也在不动声色地冲刺着纪录。

游戏厅的顾客越来越多，我看见了几张熟悉的面孔——我俩初中隔壁班的同学。

看见李欢在卖游戏币，他们大笑起来："你不是去读中专了吗？怎么又卖起游戏币了？读中专应该很容易吧？中专都读不下去了？"

李欢也不恼，笑着说："确实因为太容易了，所以没读下去。"

"也好，也好，老同学应该多给我几个币吧？反正老板发现不了。"

"要是你钱不够，我自己买了给你。这些都是计数的。"李欢很认真。

几个同学觉得丢了面子，说："我们怎么会没钱呢？再没钱也不会去偷工地的东西吧，是吧？哈哈。"

我很气，准备说什么。李欢制止了我，对他们说："唉，小时候不懂事，后来搞得老师帮我把钱赔了。大家不都一样吗？你们几个不是去女厕所偷看被大爷抓了还写了检讨吗？我们都知道，只是没说。包括你们几个好像还偷了试卷是吧？拿回去没人会做，又不敢找会做的人做，偷了跟没偷一样，第二天考试还是不及格，哈哈哈。"

我第一次听李欢说这些，也忍不住"扑哧"笑起来。

那几个同学尴尬得要死，李欢立刻拿了一把游戏币给他们："嘿，都是老同学，开玩笑的，你们去玩吧，老板没数的。"

那几个同学的表情立刻松弛下来："就是说嘛，都是老熟人了。"打了几个哈哈，就去玩麻将机了。

李欢从口袋里掏出几块钱放进收银台。

"你不是说老板没数吗？"

"是没数，但我有数啊。"

"那我的这些？"

"我都记上了。放心吧，你不是不准我做为非作歹的事吗？"李欢撇撇嘴。

现在回想起关于李欢的这些细节，我的嘴角也会忍不住上扬，他真是我遇见过的最好的人，没有之一。

"你不是很讨厌刚才那几个同学吗？为什么要自己花钱帮他们买币？"

"我花三块钱就能当面羞辱他们，多物超所值啊！"他笑着说。

我正觉得他说得很有道理，他突然很严肃地看了一眼墙上的石英钟："快回去吧，这种地方今天来一次就够了，你是要考大学的，我也不会在这儿待一辈子。"

7. 把自己拽在手里扔出去吧

2003年,我开始为高考而努力。

李欢在游戏厅工作,每个月工资一千二百块。

顾客不多时,他会给我写信。我能想象到他的模样,想象他看着店门口来往的人流,听着交织的各种游戏背景声,掏出笔开始写他的心情。

杨桐:

又是周一,每周生意最差的一天,大概只有一百来块钱,我觉得老板还要养着我挺辛苦的。上次你说想学文科,父母不同意,还找老师来做你的工作,你问我的意见。如果我在读高中,也许能给你一个意见,但现在我也不知道选文科和理科意味着什么。如果你一定要我说,那就看学哪个能让你顺利考去北京吧。

说起来,几年前我们一起发誓去北京的画面还历历在目,但我觉得自己却离北京越来越远。我总不能去北京还管游戏厅吧?我们老板说大城市都没有我们这样的游戏厅,他们都是游乐城,一个大商场里几百上千平方米全是游戏机,还有夹娃娃机。你知道夹娃娃机吗?就是一个透明的柜子,里面都是娃娃,你要投币操作夹子去夹,夹到了,娃娃就是你的。

昨天发生了一件事,我想跟你说说。

说是昨天发生的事,其实是前段时间发生的事,从那件事开始我做了一个错误的决定，然后就一直在错，虽然当时我觉得我只能这么选，但也许从一开始就选错了，导致我现在很后悔。我想如果再这么下去，我可能就完蛋了。

我们店不是总有一些混混吗，比我还闲的那种，但老板说他们是黑社会。我挺瞧不起他们的，在香港电影里黑社会在某些地方不是挺有原则的吗？我们店里那几个黑社会居然去偷学生的钱。我很气，直接过去制止，推搡了一阵。

没想到，后来那几个混混纠集了十几个人过来要砸我们的机器。

我说你敢砸，我就报警。他们立刻怂得不敢砸了，但每个人就坐在机器前面，也不玩，死耗着。两天我们店没人敢进来。

后来老板知道了前因后果，就带着我去道歉。

如果真是我的事，我肯定不会道歉，但本来游戏厅生意就不好，老板还付我工资，我就想着反正尊严也不值几个钱，就当帮一把老板，就道歉了，后来也就没事了。

老板说让我多跟他们聊聊天，走近一点儿，他们也就不好再来惹事，一来不会在店里偷东西，二来不会和我起冲突。我觉得老板说得挺对的，想了想，就把头发染黄了，还打了个耳洞，大概就是古惑仔陈浩南那个样子。我觉得自己还挺帅。

昨天，我在店门口抽烟，一抬头，就发现我妈带着她儿子刚好路过。我已经好多年没见过她了，但她应该也认出了我。我猜她应该认出了我。她和我爸在我10岁时离的婚，后来又和别人生了一个小孩，五六岁的样子，还挺机灵，发现我妈盯着我，就问我是谁。我妈立刻说不认识，是黑社会，以后他要是读书不努力就是我这样，说完就牵着他走了。

你知道的，每次我心情不好，都会去她住的地方，坐在楼梯上就觉得挺安全的。后来她的单元门装了防盗门，我进不去了。我还偷偷去了两次，也没遇见过她。这些年，我想了很多种我和她再见的样子，无一例外是她觉得我挺不容易的，觉得我没让她丢脸，说她亏欠了我。我是完全没想到自己会染着黄毛打着耳洞出现在她面前。

写到这里，我觉得自己真的是个傻子，大傻子，就这么把自己在她心里的样子给毁掉了。

给你写信之前，我挺恨她的，她抛弃了我，还说我是黑社会。

写着写着，我觉得是自己的问题，我应该让她很失望吧。

如果不出意外的话，我在游戏厅做到下个月，存满三千块，就打算离开这里，去深圳华强北看看。我听说那边机会很多，尤其是当快递员送货，只要努力就可以。我想也许自己换一个地方，一切会好起来。

退学没告诉你，很抱歉。

所以，这一次我提前告诉你。如果我安顿好了，会再给你写信的。

晚自习，我给他回信。

李欢：

不让混混偷学生的钱真的太是你了，为了老板的面子去道歉的也是你。为了和混混打成一片去染发打耳洞，你真的太蠢了吧。但如果是我的话，我也会和你一模一样的！所以你也不用太自责。

你说你打算下个月去深圳，我很支持，也很羡慕，毕竟你能比我先一步看到这个世界。我也没有别的要求，安顿下来之后跟我说说你的生活，多认识一些新的朋友，像我这样的最好！然后一定要保证不要犯法，不要再做这种蠢事，照顾好自己。

我决定学文科，不管父母怎么说。我们都自己选择了一条路，那就要走下去啊。

这封回信我写了三次，因为每次提到他妈妈的时候，好像怎么写都不对。

"以后你认真点儿，她会看到的"，感觉是敷衍。

"她应该是看错了"，感觉自己把李欢当傻子。

"不要再让一个不爱你的人影响到你的人生了，好吗？"，又觉得自己无法真正体会李欢的心情。

我用涂改液涂掉，过了一会儿，"妈妈……"几个字又隐隐地出现，我只得重新写。后来干脆不提妈妈的事情了。我给他写完这封信，塞进信封，心情并不如自己以为的沉重，反而松了一口气。就像他说的那样——这是他真正靠自己选择的人生，不再因为别人，他把自己拽在手上，扔了出去。以前我或许会觉得他是病急乱投医，但看过他认真地解释完弹珠游戏后，我知道他一定很清楚，他奔去的方向一定有一盏灯或几盏灯，能让他点亮，开启新的人生。

8. 李欢的世界都装在了信里

杨桐：

可能是我以前太惨了，所以我下火车到了华强北，还没开口问哪里可以找工作，就遇见了一个大哥，叫强哥。强哥说我适合去他们公司做快递员，一个月做得好可以拿三五千块。我一直记得你跟我说的，不要做犯法的事，不要靠近莫名其妙的人，所以我没有搭理他，非要自己去找工作。

这个强哥觉得我脑子有问题，就一直跟着我。我走到哪儿问要不要招工，那儿的人就喊他一声强哥，然后他就跟人说"这个人我要了"。我被吓得不行，我想我身上还有两千块钱，一千块藏在袜子里，一千块藏在皮带里，他应该找不到。

后来有人觉得我很好笑，跟我说："强哥招了你，你还找啥工作？还不赶紧谢谢他。"这时我才隐约觉得他可能不是个骗子。

你知道他是谁吗？他是华强北第一个做快递业务的老板，

手下有一百多个快递员，但还是自己招工。他问我为什么不信他，我说你都不认识我，就要我，工资还说得那么高，就很像个骗子。强哥就说了几句我可能会记一辈子的话，当然你说的那些我也能记一辈子，但他的那些话让我觉得自己运气真的好好。

他说："你从中巴车上下来，帮一个大妈提了箱子下来吧？是你主动帮忙的吧？"

我点头。

他继续说："你看着华强北的大楼，脸上一副不可思议的样子，感觉你只看一眼就决定了要在这里扎根，对吧？我当年就这样。你知道为啥吗？因为你简单，而且做好了拼搏的准备。然后，你往我们这边走过来的时候，不是犹豫的，而是开心的，看起来就是一个对陌生环境很乐观的小伙子。那时我就决定要招你，但我主动要你的时候你还不信我，谢谢我就走了，还挺警惕的，是怕我会骗你吧？应该还想着自己藏的钱不能被我找到吧？那时我就觉得你行，各方面都不缺，能培养培养。"

他唯一说错了的地方，就是说像我这种小县城出来的小年轻，因为看了几部港片就想当古惑仔，都留陈浩南的长发，偏偏又找不到几个好兄弟，就来离香港最近的深圳了。他说幸好他们那儿都是讲义气的好兄弟。

所以，我当天就找到了工作。强哥给我安排了宿舍，挺好的，还包三餐。

我还领了一辆摩托车。强哥问我有没有钱，我愣了一下说没有，他就没让我交押金。我很不好意思，就说其实我有。他就说留着吧，反正我押了身份证也跑不了。

以前别人说外面的世界真好，我还觉得是瞎吹。我现在觉得确实好，因为你可以遇见很好的人。

下次聊，我睡了。

杨桐：

我刚来一个星期，一天只能通过组长分配到几单。我看有些同事一天可以接好几十单，特别羡慕。后来我觉得等派单也不是办法，所以每次取货送货都会跟对方介绍自己，让他们以后可以找我。

上次你在信里说我应该给自己做些投资，买个寻呼机，方便别人找我。我觉得对，就找了同事在这儿买了一个八十块的二手机。照你说的，把我服务过的商铺电话号码背下来，只要他们呼我，我就知道是哪家店，也不用回电话和听留言了，立刻就能到。

我现在每天可以做到三十多单，强哥说我是他见过上手速度最快的。

这里有很多电子产品，好多我听都没听过，还有CD机，听说会淘汰磁带机。CD机都很贵，但那些CD倒和磁带差不多价格。我去熟悉的店铺听过，音质很好，可能也是心理作用吧。你考上大学，我送你一个吧。

你说你爸妈偏不让你读文科，你和他们已经一个多月没说话了。你也不要太固执，话可以不听，但该说还是要说。你看我，想说都没人和我说，所以你要珍惜他们，他们是因为在意你。

我住龙岗，离华强北挺远的。我睡了，你好好学习。

杨桐：

公司昨天奖励我两百块钱，虽然不是特别多，但是全公司都知道了。

我不是和你说过，有些客户下班之后还要发急货吗？所以我每次都在他们下班后，在附近溜达等半个小时到一个小时。有个客户要寄一车的大灯，很容易出问题，稍微碰一下就会坏，但他特别急。我就给他到处找塑料和泡沫，很认真地打了包。然后每转送到一站，我都会跟那边的同事说里面是什么，也跟客户说到哪儿了。后来顺利送到了，我也没觉得有什么，但客户一激动就给强哥打电话表扬了我。强哥今天在公司早会上说，这件事情很小，但客户十分感动，冲着客户的感动也值两百块。

这是我第一次拿奖金，我很开心。

以后你给我写信就直接寄到我住的地方吧，我在公司收到你的信就很想立刻读，也很想立刻回你，感觉会影响我的工作。但你寄到我住的地方就最好，我读完就能回你。

上次你说我给你写信太多，你们老师拆了我的信，想看看里面写什么。这封信他会不会也拆啊？如果他拆的话，那我就跟老师说几句吧："老师，谢谢你，我是杨桐的好朋友，现在在深圳做快递员，虽然不如杨桐优秀，但也很努力地在生活。我和他约好了到时一起去北京。我不是游手好闲的人，上个月工资也拿到了两千八百块，算很不错了吧？我们是互相鼓励的好朋友，我不会带坏他的。谢谢老师的信任。"

刚刚那一段可以吗？我有点儿神经错乱了。

最近，我们这边又新成立了几个快递公司，大家抢活很厉害，强哥让我们盯细一点儿，勤快一点儿。

好了，就到这里吧，下次再说。

李欢的信很好读，不复杂，简简单单，让我看得到他的生活、他的积极。我很羡慕他，感觉他只要努力，就一定有收获。高考却不是这样，我很努力地学习，就是考得不好，心情有时糟糕，但只要看着李欢的信，也能为他开心一阵。

班主任怕我交了坏笔友，谈恋爱啥的，还告诉我父母，让我少写信别分心，后来甚至私拆了我的信检查。他把信还给我的时候对我说："这个朋友挺励志的，你如果学习也能像他对工作一样，你能考不上北京师范大学？"

我在信里告诉了李欢，他便在信里写了一段话给我的班主任。只是班主任没再拆我的信，但我依然在给李欢的信里告诉他："我老师说你是一个很有干劲的年轻人，而且这么做下去，肯定能特别成功，让我继续向你学习。"我知道李欢一定会因此而备受鼓励，他以前不是说过吗，游戏其实没什么好玩，但能让别人觉得他很厉害，才好玩。他身边的朋友少，所以当有人夸他的时候，他就会更厉害。班主任对他的褒奖让他很受鼓舞，他在信里说："谢谢李老师的鼓励，你的肯定对我来说很重要。可能是因为我很想读高中却没有机会，你又是市重点高中的班主任，你表扬我，就好像我在市重点读书一样。"以至于每次我给李欢写信，都要分饰两角，一个是自己，一个是班主任李老师，累得很，但我很乐意。我在想，如果有一天他知道我假扮老师在和他聊天，他到底是觉得我太厉害了，还是会觉得我太坏？

9. 虚假的世界里只要还有一点儿真就够了

2003年，高二结束的那个假期，因为选文科的事我和父母大吵了一架，急需透口气，就给李欢发了一条语音留言，告诉他会去深圳找他。

等了一天也没回信，我就买了一张火车票直接去了深圳，按寄信地址找到他的宿舍。那已经是晚上10点多了，这一路上特别偏僻，在月色下仿佛是荒郊野岭，下了巴士，眼前就是光秃秃几栋四层小楼，外立面是简单的水泥和砖头，像是没有完工的烂尾建筑。几个年纪和我相仿的年轻人也从巴士上下来，看出我在找人，就问我找谁，我说找湖南的李欢。

"你是谁？"其中一人问。我还没来得及说话，几个人就聊了起来。"这个李欢还有朋友?"但因为我在,他们声音也越来越低,依稀只能听到他很孤僻什么的。

我爬到三楼,找到信上写的317房间。

门虚掩着,我敲了敲,便推门进去了。

我就呆住了。

一间房,目测不到三十平方米,一左一右每边放了四张上下铺,十六个人住在一间房子里。中间一条过道放了几张桌子,八九个人正围在一起打牌。我推开门,那些人都看向我。

"请问,李欢在吗?"我试探性地问。

没人回答我的问题,他们都看向角落。我循着目光,看到李欢正从角落里的下铺站出来。他发现来人是我,很惊讶,绕过人群,径直走过来:"你不是说你过段时间来吗?怎么今天就到了。"语气中有惊讶,也有一些尴尬。

"你看到了也不回我,不想让我来?"

"不是,一会儿再说。"

来不及寒暄,他帮我把书包放到下铺,就说带我先去吃点儿东西。我跟在他后面,感觉眼前看到的都和信里描述的不一样。我什么都没问。他说他住得不错,但实际是十六个人挤在一起。他说同事关系都处得挺好,但显然他很不合群。我心里好多疑惑,一一组合。

但这些都不如我俩相见更重要,我和李欢快一年没见,他已经有副大人的模样。

我跟在他的后面,他发型仍然没变,只是后面有一小撮长一些。我说:"你不是打算留及腰长发吗?怎么还是剪短了?"他轻描淡写地说:"有几个工友觉得我头发太长不男不女,起了些言语上的冲突,但我也懒得解释,就留了后面这一小撮,你懂。"

我懂,那是他奶奶还活着的时候亲手打理过的一截,但和工友起冲突这件事,他之前也没说,我就更疑惑了。

在大排档坐下来,我直接问。

"感觉你有心事?"

"就是现在想得比较多吧。"

"那开心吗?"

"还是挺开心的。"

我看他似乎想堵住我的话,也就不知道该说什么了。

我和他沉默了一会儿。

"你是觉得我和大家关系看起来一般,是吧?"

我点点头。

"我自己是挺开心的,做着一份收入不错的工作,客户也都尊重我,我只是和工友关系一般。不过也很正常,这和读书时不一样,一天就那么几百个件,我多拿一个,人家就少拿一个,虽然住在一起,但都是竞争对手。有些人看着关系不错,一到了利益分配就脸红脖子粗,隔三岔五就打架。我也懒得搞关系,就自己做呗。"

"你信里还说你的住宿环境不错,我就想着来投靠一下你,没想到十六个人挤一起。今晚我怎么睡啊?"

"挤呗,能挤,你一头,我一头。你别嫌弃了,我在游戏厅打工的小阁楼你没上去过,那个才惨,五平方米不到,没床,老板给我打了一个地铺,睡在杂物旁。这些还好,要命的是没有厕所,都要去隔壁街的公共厕所。我半夜起床去上厕所,迷迷糊糊地从楼梯上滚下来,摔过好几次。气死我了,我不是气摔得很疼,而是每次都把我整个人摔醒了,再睡着就很难了。这里每次闭眼就能睡着,睁眼就开始工作,自己管自己,没那么多事。"

他也问起我的情况,我说高三更忙,如果真考去北京,见面的机会就更少了。

他说不会的,北京有个中关村,听说和华强北一样,楼更多更高,挣的钱更多,如果我考去北京,他大不了就去中关村工作,到时候还能帮我用最便宜的钱组装电脑。

他喜欢问我学校发生的事,我喜欢问他社会上发生的事。

我俩就是对方的镜子,照出彼此想看的世界。

后面两天,我都跟着李欢去送货。

他在华强北的各栋大楼里跑来跑去,我只跟了一个小时就累得不行。他跟顾客都熟,大家很亲切地喊他小欢,像一条狗的名字。他确实也像狗一样,远远站着就能知道谁想要发货,看一眼寻呼机就知道去几栋几层几号商铺,聊两句就开始填单。别的快递员刚到,他却早就把这一单拿下了。

做这份工作时有冲突,但李欢告诉我不能。吵归吵,但不能像娘们一样一直吵,需要一边吵一边填单,别影响工作。甚至还会和别的快递员动手,但打归打,别往死里打,打几下表达一下自己不爽,就赶紧处理顾客的单子。这里发货的商家都习惯了——你们爱怎么吵怎么打,是你们的事,别耽误我的事就行。

我看李欢送货去幼儿园,却被门卫拦住不让进,他跟大爷说自己可以把东西搬进去,不麻烦其他人。对方却说:"你进去会吓着孩子。"我看他送完货,又帮不认识的大妈扛了一桶纯净水上楼。大妈很感动,赶着出来送了他一个洗好的苹果。

短短两天,李欢遇见的人,发生的事,简直比我一年还多。

我问他:"你不累吗?"

他说:"以前更累啊。"

第三天,李欢接了一单送货去市内的地王大厦。

他跟我说:"走,我带你送个货,然后让你见识一下深圳。"

我坐上他的摩托车,他把头盔给我:"你戴,万一出事了,我脑子不重要,你还要考大学呢。"

我超感动,觉得他真是我的好朋友,但摩托车升起来,我就知道他为啥不戴了,他的长发被风吹起来很飒。我们等红绿灯的时候,路边的女孩也好,旁边的女司机也好,都会投来爱慕的目光。

我在他身后低声说:"你不要脸,你不戴头盔是为了让更多人看到你。"

他侧过头对我说:"但更重要的还是你的安全。"

摩托车开起来,风景在两边擦肩而过,风迅速把脖子上的汗带走。

我摘下头盔,在李欢身后大叫:"好刺激啊!"

李欢开着开着,突然轰了一下油门,也"啊啊啊"大叫起来。

"你啊什么?!"

"我啊自己之前不够争气啊!!!"

"那我祝你早日成功!!!"

"那我祝你考上理想的大学!!!"

我俩的愿望被系在风里,由风带向远方。

到了地王大厦,李欢把摩托车很规矩地停在停车场。我说:"别人不是都停路边吗?"他摇摇头:"还是规矩点儿比较好。走,带你坐一个电梯,69层,可以看到整个深圳。"

我很兴奋,满口说可以可以,我在老家上过最高的楼也不过是18层。

电梯很快,容易头晕,但由于是第一次坐那么高的电梯,心里还是非常兴奋。

送完货下到一楼,李欢看我还在回味,说:"咱俩再坐一次?"

我点点头。

电梯里，我对李欢说："谢谢你啊，带我坐这个电梯。以后要是我去了北京，我也带你坐最高的电梯。"

他说好啊。

一开始上到20层，我就有点儿害怕，但没想到上到30层我居然没那么怕了，越到后面越不怕，40层、50层、60层……

"那么多楼，我们以后能拥有哪一栋啊？"我问李欢。

"我不要一栋，只要一间就好了。"他笑了笑。

"不行，人还是要有理想的，相信就一定能成。"虽然我也没成什么事，但觉得和李欢在一起，就应该表现出最积极的样子。

"你真的相信未来会越来越好吗？"

"当然，最起码从你身上我就能看到。你忘记一年多之前你在干吗？身上连一百块都没有，每天待在那个小游戏厅，问你未来要干吗，你说都说不出来。你能说出来的人名估计不到十个。你看看现在，你带着我坐上了69层的电梯，一个月工资三千块，记得住将近一百来号客户的名字，还有那么多工友的名字，对吧？以前你也不知道怎么去北京，也不知道自己去北京干吗，你昨天告诉我北京有个中关村，你可以去中关村做快递员。你超厉害的啊！"我是真的觉得李欢比我厉害多了。

"嗯，谢谢。"李欢擦了擦鼻子。

"我觉得你挺古怪的。"我没忍住。

"被你看出来了。"他讪讪地笑。

"不是废话吗?"

"那天你给我发信息,我没回你,因为我正在处理一件事,但我已经想明白了。尤其是你刚才告诉我这些,我觉得我的决定是对的。"

这时我才知道,就在我来深圳前两天,李欢同时要送三批货到市内,因为客户催得急,不停打寻呼机留言,李欢把摩托车停到了大厦门口,看见有保安,也没多想就抱着一箱货上楼了。等他下楼出来,不过五分钟,摩托车上另两箱货就不见了。那是两箱手机,价值五万块。李欢当场就急了,赶紧去问保安,保安说没注意。他一把抓住保安:"我的摩托车就停在大门口,你们不是保安吗?你们是做什么的呢?"

保安笑了笑说:"这门口本来就不能停摩托车,让你停就不错了。"

李欢心急如焚,和保安差点儿打了起来,还好被路人提醒,赶紧报了警。

警察到了现场,发现大厅口并没有监控,而保安也是一问三不知。整个案件疑点很多,首先,在深圳就几乎没有人会偷送货员的东西,尤其还是在大厅口,来往的人很多。再加上李欢平时送的货物都少,这一次却格外多,感觉是蓄意栽赃。保安的态度也像是和小偷里应外合串通好了,睁一只眼,闭一只眼。所以警察说几条线都要再调查,也问他平时是否有得罪谁,有没有可能遭到报复。

李欢就说自己的工友里常有人看不惯他,一是他喜欢加班,二是他和大家抢业务,也不太懂得先来后到。以及他和竞争公司的快递员也发生过争执,抢过生意,但仗着年轻气盛,那一头古惑仔的长发也唬了不少人,不输人也不输阵。

警察走后,李欢整个人蔫了,坐在台阶上等强哥。他说他这一辈子连一万块都没见过,这一下就丢了五万块的货,感觉整个人生还没开始就完蛋了。

五万,是一个他想都不敢想的数字。

按他的工资,不吃不喝要工作一年半才能还得上。他说着说着便哽咽了:"我有一瞬间觉得自己怎么那么惨,怎么所有的坏事都会发生在自己身上。我跟保安吵完之后,万念俱灰,看着那栋楼,就想爬上去从上面跳下来,一了百了。我以为我逃出来,那些痛苦就追不上我了。我以为我朝一个方向拼命跑,就不会再像弹珠一样四处碰壁,但是货丢了的时候,我以为我忘记的所有事情又出现了,父母离异,各自成家,奶奶早早地走了,我爸给我的那个耳光,无处可去只能在游戏厅打工,在地板上睡了半年,被妈妈觉得是个黑社会……你还记得我初一吃了几颗安眠药假自杀的那次吗?我在想,如果那时我把整瓶吃了,是不是就不会发生后来那么多事了,甚至,我都能早点儿下去,好好地迎接我奶奶……"明明是件难过的事,他说到自己早点儿下去可以接奶奶的时候,我忍不住笑了出来,他也笑了,然后我就更想哭了。

"你知道为什么我又放弃了跳楼的想法吗?"他看着我

挤出一丝苦笑,"我怕我在这个陌生的城市死了,没有人认识我,你又赶不过来,我就一个人孤零零地躺在地上,想想觉得自己蛮可怜的……"

"幸好你怕孤独,不然你就死了。"

"其实我想的是如果我真一走了之,那这五万块的债就是强哥替我还了。我不能坑强哥啊,然后就清醒了……"

"看来人还是不能欠债,不然连死都不心安。"看他这么说,我也就开始瞎扯起来。

后来强哥到了,便立刻去了解情况。李欢几次开口想说什么,但又咽了回去。最后他鼓起勇气对强哥说:"强哥,你怎么处置我都行。我本想说自己犯了那么大错误,公司肯定要开除我,不开除我,我也应该主动辞职,但那么多钱,我不还干净也不能走。只要公司还愿意再给我一个机会,我愿意给公司写一个十万块的欠条。五万块先帮我还给客户,另外五万块就当是公司对我的处罚。我做牛做马都会把这十万块还给公司。我对不起公司,我对不起你。"

李欢把头埋得很低,没脸看强哥。

强哥听完对李欢劈头盖脸一顿骂:"你是不是傻?你才犯了傻,现在又继续犯傻?你给我闭嘴,你告诉我是哪个保安?"

李欢指了指。强哥走过去先是跟保安说了些什么,然后又回来。

他对李欢说:"这件事不要跟任何人提,一会儿你跟我去银行取五万块,我私人借你,你赶紧把货补上,给客户打电话说摩托车半道坏了,晚点儿送过去。这件事你就烂在心里,当没发生过。以后你从你的工资里每个月还我一点儿。不能跟任何人提,这件事只要周围的人知道了,你在公司和这个行业就没法混了,明白吗?"

李欢愣住,不知道该说什么,一直点头。

"那我给你写个欠条……"

"别写了,你以为你还跑得了?你赶紧处理事情,我去一趟派出所。"

李欢复述这件事的时候,我人生第二次看到他掉眼泪。

李欢在信里给我描述了一个美好的世界,或是他自认为美好的世界。但我到深圳看见他的生活,觉得他是在自欺欺人。李欢跟我说:"你知道吗?现在支撑我走下去的是强哥的信任。以前从来没有人如此信任过我,所以哪怕为了这份信任,我也要努力。"

一颗种子被埋在地里,没有发芽之前也许都认为自己可能缺少氧气或水分,但最终会发现,缺少的是一点点时间。我相信只要再给李欢一点儿时间,他一定能在这里发芽。

"其实……"我张了张嘴唇,想说又觉得不合适。

"怎么了?怎么读了个书,就不像你了?"李欢撇撇嘴。

"这三天里,我知道你的生活是怎样的,其实我不喜欢你现在这样,不是说你现在的生活,而是你的态度。我希望你能把你的生活完全告诉我,而不是伪装。我都不知道你是为了骗自己,还是为了骗我,反正就挺没意思的。"

李欢一下愣住了,想了半天说:"我没骗我自己,也没骗你,我不想跟你诉苦,我也不想跟自己诉苦,而且我跟你说的所有也是我认为的,也肯定会实现的。"

"我不是质疑它不会实现,而是我……如果我是你最好的朋友,我就希望你什么都能跟我分享,而不是显得那么孤独。"

我俩都不说话了,一种奇怪的氛围横生而出。

初中他问我孤不孤独,此刻我说他太孤独。

也许是说中了,也许是说错了,那天晚上我们没有继续聊这个话题。我有些后悔和他提这个,好不容易见一次,为什么要说这么不开心的呢?

李欢请了半天假,坚持要送我去火车站。

我检票进站的时候,我们都觉得怪怪的。这一次见了,下一次再见又是什么时候呢?下一次见面我们都会很好吗?

"李欢,我们做个约定吧?"

"嗯?"

"还有一年的时间,我考北京的大学,你把债还完,咱们一起去北京一趟吧?不等强哥开分公司了。"

李欢很认真地点点头:"好。"

离开深圳之前,我把这些年的压岁钱从银行里都取了出来,足足有四千块,打算放到李欢的枕头底下。

走到一半,又觉得万一被别人看见偷了怎么办?

于是又走回银行把钱存了回去,把存折放在他枕头底下,写了一张字条:"我的压岁钱。等你以后发财了,多还点儿给我,密码回头发你手机上,我怕被人看见。不要问我为什么要搞那么复杂,因为我不好意思当面给你啊。"

10. 李欢不像弹珠,他像打弹珠的人

从深圳回老家后,我进入高三,格外忙碌。

也许是因为临走前一天晚上和李欢起了争执,没说清自己真正的想法,我们的联系也少了。也许这就是少时朋友成长的代价。

时间飞快,像射出了一支箭。

我选了文科后,为自己的决定负责。第一次月考就比平时最好成绩多了 40 分,所有人都很讶异,包括我自己。就在这时,收到了李欢的信,我松了一口气。

这封信特别简短。

你们李老师居然给我写了一封信,说你在日记里写到了我们的聊天,说你担心我很孤独。他还算有文化,告诉我什么"你的孤独,虽败犹荣"。刚开始看,我觉得这句话很奇怪,我孤独怎么就失败了呢?但他在信里写道:"我们总是以为一个人不好,一个人就孤独、不合群,似乎是一种错误。但你想想,也许你现在是一个人下班,一个人挤公交车,一

个人看电影，一个人吃饭，一个人发呆。然而你却能一个人下班，一个人挤公交车，一个人看电影，一个人吃饭，一个人发呆。很多人离开另外一个人，就没有了自己，而你却一个人能度过了所有。你的孤独，虽败犹荣。"那一下我好像就明白了，我的孤独，虽败犹荣，我的孤独让我能一直靠自己活在这个城市。这样一想，就觉得自己很强大啊！杨桐，我文笔不好，怕给他回信，有负担，那你帮我直接谢谢李老师啊。这段话也分享给你，我觉得对现在的你来说，也很有帮助。

我最近很好，在朝一起去北京玩努力！

多年后，我看了一个纪录片，很残酷。

说是把一对双胞胎拆散，放在不同的家庭，观察他们的成长。

那一刻，我觉得我和李欢就像这个实验，我们本是一个人，被拆成两种人生，而命运和转机却又都捆绑在一起。比如在我开始成为重点大学的有力竞争者之后，李欢也来信告诉我他的生活出现了大转机。

最近配送区里多了一个台球城，我总过去送货。以前在老家时台球很便宜，打一局无论多久只要两块，大家都觉得打台球的人是小混混，游手好闲。但这里的台球很高级，一个小时就要八块，好多人打，他们都很喜欢一个小年轻叫丁俊晖。你知道这个人吗？和我们差不多大，从小打台球，拿了亚洲冠军和世界冠军，真的好绝。

前几天下班，我就过去跟着他们看了一场丁俊晖的比赛，他拿了冠军，所有人都很激动。我也很激动，我从来没见过台球打得那么高级的人，原来混混玩的东西也能让人觉得高级。

老板问我玩不玩，我说不玩。老板说不收我钱，我说玩。

因为是第一次，不太会，但老看老看也大概知道怎么玩，虽然不知道规则，但只要老板说我应该打哪个球，再把那个球撞到洞里就算赢。这不就是我小时候玩的弹珠台嘛，看准了打就行。虽然姿势不对，击球也没什么力量，但我打的时候居然也能大概猜到杆应该打球的什么部位、什么角度，也能猜到被击中的球的运动轨迹，基本能打进去。老板都不太相信我是第一次打。

他跟我说了规则后，还叫了几个正在学的人跟我一起打，我居然赢了，还拿到了五十块彩头。你知道我这个人很谨慎，不敢要。老板就说那钱不给我找了，扔了我一张两百块的充值卡，说随时可以来玩。

我又去台球城了，我觉得自己好像还蛮有天赋的。几个人想跟我打彩头，我就想着扫兴也不好，那就当交个朋友赌一包烟，结果我就赢了三包烟。之前没说赌什么烟，我说红梅就好，他们笑我，就给我买了三包中华。我一开始还以为是假的,不敢拿出去给别人抽。有一天,我还钱给强哥,想着他也不会笑话我,就问他是真是假,他看了一眼就说真的,抽了之后就问我为啥要买这么贵的烟。我就跟他说了实情,然后把剩下两包没拆的都孝敬他了。我也不敢抽,也抽不起,怕养成习惯。强哥就说他年轻的时候也玩台球,就要约着我一起玩两局。我现在给你写信都挺紧张的,万一我输了,他会不会觉得我没什么优点?但我要是赢了,他是不是会很没面子啊?

我赢了强哥。打了一局,他就不跟我玩了,然后要看我跟别人打。别人又说打多少彩头,反正强哥在嘛,我就想着爷们儿一点儿,说五十块。那天就赢了三百块。然后我就做了一件很傻的事,我让老板给我换了六张五十块,转身就要给强哥一百五十块……我和他都愣住了……我把强哥当你了……因为他一直站在我的后面看我玩,就像我当年看你玩格斗游戏一样。当时我都傻了,然后强哥把六张五十块都拿走了,说还欠他两万九千七百块。

那晚,强哥请我吃夜宵,老板第一次请我吃夜宵哦。我们喝了一点儿酒,他说我应该有自己的爱好,不要总是工作。我说我不工作也没事做,他就说我可以继续打台球,开玩笑说我打台球比送快递更有天赋,虽然我已经是我们公司业绩前三了。我上个月工资拿到五千五百块了,因为有个公司指定让我送,一下就有了保障。我打算接下来多签几个大公司。

强哥说他有意去北京开分公司。我说如果他开分公司,就派我去。他说为什么,我就说因为我和你约好了要去,而且我保证我肯定能干好,不丢他的脸。强哥就说他能允许我再丢十万块的手机。

台球城的老板问我要不要参加俱乐部的比赛,我肯定要参加。我发现人一旦有了爱好,状态都不太一样了。虽然工作还是很辛苦,但以前总是要看人脸色,故意不去想那些人际交往的问题。现在就不一样了,工作就工作,生活就生活。我还多了一帮很好的朋友,他们来自各个行业,都是因为喜欢台球才在一起的。台球有两种,美式和斯诺克,我现在玩的就是斯诺克。

台球城有两个人很厉害,我就去问他们打台球最重要的是什么。他们说最重要的是脑子和体力。他们也说我有脑子,但感觉体力不行,我就说我是送快递的,体力很好的。他们说体力包括了打台球击球的臂力,而击球最重要的力来自腰力,与此同时一局如果要打很久,还很考验心肺能力。他们建议我如果真的喜欢,也想比赛的话,就要多跑步,练腰力和臂力。

你还记得以前我问你怎么才能玩好格斗游戏吗?你说除了要观察自己的角色,还要观察旁边的对手,要了解每个角色出招的硬直时间,不要被人抓到空隙……那时我觉得你在鬼扯,现在我知道了,原来任何事情要做好,都有自己的解读……

看到这儿的时候,我心想李欢明明很会玩弹珠,很会送快递,怎么就对自己那么不自信?可能人都对自己的认知有盲区吧。

杨桐,先给你说件特别开心的事,我第一次参加俱乐部比赛,五十多人选二十个进决赛,我是前二十啊!听说决赛前五名会代表俱乐部参加市级比赛。虽然我入行时间不长,但大家都说我蛮有天赋的。我现在给高层送货都不坐电梯了,直接跑上去,特别爽。工友听说我很会打台球,都让我教他们。我发现他们其实也蛮有意思的,以前好像太防备大家了。

我注意到他的来信里最后写了一段话,让我兴奋得一晚上没睡着。

他写了很多自己的生活,最后写道:

老板的女儿有时也会来台球城,长得蛮漂亮的。他们都背后喊她榨汁机,你懂吧,他们都挺喜欢这种荤段子的。但他女儿对大家很凶,所以我就喊她绞肉机。今天她突然走过来拍了我的肩膀,一脸严肃地问我:"绞肉机的外号是你给我起的吧?"我吓死了,把杆还了就跑了。

除了他的奶奶和妈妈,这是我听到他主动提到的第三个异性。

真好啊!

2004年秋天,我顺利考上了北京的大学,超过了分数线20分,铁定不会有问题。我在电话里告诉李欢我考上了,李欢也在电话里告诉我他不仅把强哥的债还完了,而且升组长了。我俩都特别为对方开心。

我问李欢:"那你还记得咱俩的约定吗?"

李欢说:"记得,记得,我就是靠这个约定才坚持下来的啊。"

我说:"太好了,那我们确定一个时间吧?我可以提前一个星期去大学报到。咱俩一块去,我爸妈也放心。你能请假吗?"

李欢说:"没问题,我从来没请过假,该放假的时候我都上班,他们都巴不得我请假呢。"

我俩笑了,特别开心地挂了电话。

我和他约好了,8月20日下午,我们一起坐火车去北京,就坐我们小时候常常看到的那一趟K600。

日子一天一天,离8月20日越来越近,我上网查了北京的好多游玩攻略,安排了详细的行程。

没想到在那天到来之前,李欢给我打电话,说他上个月被公司提名到政府评优秀青年。一起报了五个人,他根本没当回事,也不觉得自己是什么优秀青年。但前一天突然下了通知,全公司甚至这个行业就只有他一个人通过了,所以他8

月22日要去参加表彰大会。

"但我跟强哥说我可不可以不领,换人也行,我觉得受之有愧,而且我也跟他说了,我最好的兄弟考上北京的大学,我要和他一起去北京看看。"

"我×!"我在电话里兴奋得骂起了脏话,"你这可比我考大学难多了啊。你想想看,你们那个行业多少人,你是唯一一个获奖的。你是万分之一,我不过是十分之一。你当然要去参加啊!"

"……我还以为我不去北京,你会失望,所以我都打定主意了。但你刚说完,我居然觉得你说得很有道理啊,哈哈哈。"我在电话里很明显能感觉到李欢是真的开心。

"当然还是有点儿失望的,但更多的是为你高兴!没关系,那就等我先去北京了解了情况,你再来,可能我就像个'地主'了。"

"好!那你就把K600的车票退了,我都不去,你也别坐了,太慢,二十八个小时。等咱俩都有时间的时候,我们再一起坐,你就改直达的快车吧。"

"你心也够细的,你不说我还真忘记了,我一会儿就去改。"

"但我明天还是要回去一趟,和你见一面就回深圳。"

"?"

"你考上大学了,我总要当面祝贺你吧。行了,明天见!"

李欢见到我时，给了我两个东西，非要当面给我。一是我借他的四千块；二是一台 CD 机，也是 Sony 的。他说他的兄弟必须很洋气地进入大学才行。

这次见面，他变了不少，因为开始有意识地锻炼身体，整个人不再瘦削。他说他现在打台球还蛮有名气的，很多人大老远开车来就为了和他打一局，无论输赢，他都有酬劳。

我们就坐在火车站广场的台阶上聊了两个小时。分别的时候，我们抱了抱说："北京见。"

11. 你不尿，你只是更爱生命了

我进入大学后刚不到一个月，正在军训，老师突然让我去学院办公室接个电话，说是深圳打来的。在深圳的人，我只认识李欢，但李欢知道我的宿舍电话，那是谁会打到学院办公室找我呢？

他不会犯事了吧？

去办公室的路上，我做了最坏的打算。

但听到电话那头的消息时，才知道我并没有做最坏的打算。

~~李欢死了。~~

七天前，深圳大暴雨，李欢骑摩托车回宿舍时发现河里有个小孩在挣扎，他就跳下去救人。最后把小孩推到了岸边，自己却被水流冲走了。搜救队沿着下游找了三天才找到他的尸体。去深圳参加李欢追悼会的路上，我想起了很多事，其实都在笑，因为他留给我的印象就是很好笑，无论是惨的，是自嘲的，还是积极的。李欢就像我人生中永远打不死的小强，用自己的感受去做一次一次的碰撞，然后鼻青脸肿地告诉我："我×，真的好痛啊！"但一想到他被进海口转弯处的芦苇挡住了，在水里漂了三天才被发现，眼泪哗哗地就下来了。

那三天，他应该很孤独吧。

参加完他的追悼会，我等到闭馆，李欢的父母都没有出现领他的骨灰。我签了字把李欢带回了老家，找了一处陵园，选了一块碑。放置骨灰时，我让工作人员帮我从坛子里又分了一小撮单独装在瓶子里。

我想带他去北京看看。

可能这就是命运的安排吧，一个巧合，我们许了十几年的承诺就落空了。我们最后一次见面说的最后三个字就是"北京见"，但再也无法在北京见了。

我买了两张K600从湘南到北京的火车票，代表我和他。

我坐在窗边，一路没睡，每经过一站就在心里告诉李欢又到哪儿了。我不敢把装他骨灰的瓶子拿出来，我怕吓着别的乘客，我想李欢肯定能理解，毕竟小时候我们坐在墙边也用校服盖着头啊。想到这儿，我就笑了起来，心里冒出一个声音：那为什么现在不能这么干呢？于是我就用外套盖住了头，把装骨灰的瓶子拿了出来，对瓶子说："这条路要经过三十个城市,如果我们每一站都下去看一眼,那么中国的城市我们就到了三十个地方,超厉害。衡阳、株洲都在湖南省内,再往北,就是孝感、信阳、遂平、西平、漯河、鹤壁……"

二十八个小时后,到了北京西站。我站在出站口告诉他:"这就是北京。"

一周后,我从外面回到宿舍,室友们都出去了,我的书桌上放着一封信。

我拿起来,发现是李欢给我寄的。我看了一下邮戳,是他出事的前几天寄出来的。

我深吸了一口气,坐下来,拆开信阅读起来。

杨桐:

因为明天一早要去送货,所以赶紧给你写一下最近发生的几件事,特别想让你知道,我觉得你肯定会比我还要高兴。好事太多,我都不知道该把哪件放第一说了,那就先说我觉得最重要的吧!

上次我跟你说的俱乐部比赛,我居然拿了第五名,有奖状还有个奖杯,还有一千块奖金!小时候,我连奖状都拿不到,最近天天拿奖金,我都觉得有点儿奇怪自己怎么变这样了,哈哈哈。最重要的是,我可以代表俱乐部参加市里的比赛了!然后我就用这一千块做了一套正式比赛穿的西服。强哥说我穿西服有点儿衣冠禽兽的感觉。我想了想,就把头发剪了,现在是寸头了,我穿着西服,他们给我拍了一张照片,你看看，是不是很帅？！像不像丁俊晖？

我也没想到自己会果断把头发剃了，一方面是因为打球时刘海老挡住眼睛，但更重要的可能是我放下了。我以为那一剪刀下去我会很难过，但没有，我很开心，觉得奶奶的保佑终于让我熬到了能见到光明的时候，但我还是把那截头发保存起来了，感觉奶奶一直在身边。

我也觉得自己终于找到了人生的目标，以前喜欢玩弹珠游戏是觉得自己就像颗弹珠被弹来弹去，同病相怜。但现在喜欢打台球是因为我觉得自己可以控制台球的方向，调整角度，把球推向自己想让它去的地方。

你还记得"绞肉机"吗？她一直找我的碴儿，后来台球城的老板问我喜不喜欢他的女儿，我被吓坏了，直接就说喜欢。他就给了我两张电影票，让我约他女儿出去看电影。我哪敢，我外表很洒脱，但其实很厌的。老板说你给她，她肯定会去，她不去的话，他打她一顿也会让她去。然后我就把票给绞肉机了，她真的同意了。后来我就跟她说我喜欢她，她说只要我不再叫她绞肉机，她就考虑和我在一起。我说好！所以我提前告诉你，有可能过段时间，我就恋爱了！

强哥告诉我警察局抓到一个盗窃团伙，审出来两年前偷了我的货。我之前总以为是有人在陷害我，原来不是，虽然案件还在审理中，那五万块是不是能追回来也不清楚，但我很开心，证明我周围没有坏人啊！

你说你进大学没什么朋友，一个人吃饭、上课、去图书馆，也找不到人谈心聊天。我给你的建议就是别觉得自己了不起，也别觉得别人比自己幼稚，多去交一些好朋友，取代我的位置也没有问题的。但如果你尝试过了也交不到，那也没关系嘛，你们老师上次跟我说的，你的孤独，虽败犹荣，这已经成为我的座右铭了。孤独没什么了不起啊，不用怕。

对了，虽然我不怕孤独了，但我现在骑摩托车每天都开始戴头盔了。我开始特别怕死，觉得如果死了，就对不起现在这么好的人生了。想当年，哥也是随随便便可以把死挂在嘴边的人啊，怎么就怂了呢？

好了，困死我了，就写到这儿吧。我争取下个月之内请假去北京找你，但你能不能再回来一次，咱俩一起坐火车去啊？我买票！

李欢

我拿起那张照片，李欢剪了寸头，穿了一套黑色的西装、黑皮鞋，右手握着台球杆，似笑非笑，带着腼腆。照片上有字的痕迹，我把照片翻了过来，上面写着："如果我妈在电视上看到我，应该不会觉得我像小混混黑社会了吧？哈哈哈。"

我把照片放在桌上，把头埋在胳膊上，回想着这一切。在李欢追悼会上没有哭的我，带着他来北京旅游没有哭的我，终于忍不住了，在宿舍里放声大哭起来。我也不知道自己具体在哭什么，似乎他写的每一个字每一句话，他给的那张照片都是算好了他要离开，然后嘻嘻地边写边笑，让我不要太难过。

我把这些年他给我写的信都找了出来,一封一封地看着。

有的是在中专学校的走廊上给我写的。

有的是在游戏厅的柜台上给我写的。

还有在宿舍的小板凳上给我写的。

无论是笔迹的变化,还是里面说到的东西,都浮现出他每一步的成长。

重新阅读信笺,他曾在信说:"以前我觉得死是一件特别简单的事,是为了报复给我生命的人。现在我特别舍不得死,觉得人生还有好多事没做。我突然从不怕死的人,变成了好怕死的人,我变得好尿啊,哈哈,我觉得自己变尿了。"

读到这儿,我笑了。

我拿出信纸,提起笔开始给他写信。

李欢,我是杨桐。

你放心吧,我会陪你一起坐K600来北京。现在我对北京很熟,也会带着你到处逛,你想去的地方都可以去,天安门、长城、故宫、颐和园。想吃的烤鸭和驴打滚都可以吃。我还会带你去北京最高的楼。你肯定不会失望的。

还有,你不怕死,你也不尿,你救了一个孩子——他和当年我们遇见时一般大。

我还记得初一的时候你买了一瓶安眠药想自杀挽回父母对你的关注,但又怕自己真死了就救不活了,于是吃了几颗的量,可等到药效过去,你醒过来,都没有人发现你自杀过。你以前问我,如果你真死了,谁会哭,谁会来,大家会怎么看你。你担心只有我一个人会哭,只有我一个人会和你告别。

你错了,你的葬礼上来了好多人——你快递站的同事们、强哥、台球俱乐部的朋友们,我还看到了绞肉机,还有你的快递客户们,你救的小孩的那一大家子,以及还有很多在报纸上看到你见义勇为的新闻自发来告别的市民。大家都哭了,他们觉得你很好。

还有件事我想你已经知道了吧,就是你总念叨说我的老师挺厉害,说什么"你的孤独,虽败犹荣",这句话有安慰到了你。其实那是我写的啦。我从深圳回来觉得怪别扭的,就想到模仿老师的语气给你写信,然后让同学帮我抄了一份再寄给你。哈哈哈,你终于觉得我不幼稚了,我很开心啊!

但最开心的是这辈子我们是好朋友,希望下辈子也是。

12. 一年后

第二年李欢的忌日,我带着一个盒子走到了李欢的墓碑前。

我打开盒子,里面是七颗台球,每一颗都被我刻上了不同的星星。

"我把七颗龙珠集齐了,太难刻了,浪费了好多台球,还挺贵的。"

我拿起其中一颗,对着太阳,星星似乎闪着光。

"嗨!"我听见身后响起熟悉的声音,我大概猜到了是谁。

我回头,发现李欢就坐在不远的栏杆上,正对着我笑说:"你动作太慢了,等你那么久,都一年了,你终于集齐龙珠了。"

"是啊,累死我了,我还不能当着室友的面刻星星,不然他们肯定会觉得我很幼稚。"我嘻嘻笑。

李欢走过来,啪的一下拍了我的后脑勺:"是啊,你都是个大人了,还那么幼稚。"

突然,响起了上课铃,镜头拉开,我和李欢立刻从双杠上跳下来,朝教学楼跑去。

我是怎么挣到现在这些钱的

写下这个标题的时候,觉得自己好羞耻,好庸俗……可转念一想,不偷不抢不违法,靠自己一点一点的挣扎和努力让自己和家人过上更好的生活,为什么要觉得羞耻和庸俗呢?我也很想知道,这个世界上千千万万个十几岁、二十几岁如我当年一样的人……到底是怎样挣到钱的。

"同哥,你对钱怎么看?"

收到这条信息时,我刚好看完吴晓波老师的《把生命浪费在美好的事物上》,里面刚好有一段关于金钱的阐述。

金钱让人丧失的,无非是他原本就没有真正拥有的;而金钱让人拥有的,却是人并非与生俱来的从容和沉重。金钱会让深刻的人更深刻,让浅薄的人更浅薄。金钱可以改变人的一生,同样,人也可以改变金钱的颜色。

这一段话,说清楚了金钱对于人的影响和意义。

作为一名北漂打工仔,我一直觉得只有首富们才有资格谈论金钱,而我只能把金钱当成"钱"。金钱是财富,而钱只是生活的必需品。

所以吴晓波老师这一段话,肯定不是这位同学想问的"你对钱怎么看"的答案。更直接地翻译过来,或许是:"同哥,我该怎么挣钱?"

在写下这篇文章之前,我不知道写这样的主题是否合适,赤裸裸地谈论如何挣钱到底是不是一件正确的事情。但后来我想到了自己从童年到30岁之前对于金钱的感受,想到了同学在问这个问题时似曾相识的语气,我决定跟大家聊一聊那些年我为挣钱做过的事。

许许多多的事情都忘得差不多了。

可那些我想挣钱的日子,为钱动的每一点儿小心思,化成灰都能排出个先后顺序。

朋友过生日,找个理由拒绝,不是因为真的有事,而是实在没有钱买一份像样的生日礼物。

同学聚会,找个理由拒绝,不是真的有事,而是晚上没了公交车拿不出几十块的打车费。

不敢和朋友一块去超市，AA制还好，曾经有朋友把东西放在我的篮子里让我一块结，我脸皮薄不好意思拒绝，结完账垫了钱，再提起这件事的时候，朋友说那才多少钱，下次我来买。然后接下去一整个星期我只能吃馒头和泡面。

也不敢谈恋爱，两个人无论怎么约会都要花钱，而一个人怎么待着都行。

那时不敢和周围的人提起这些，怕被人觉得小气，怕被人瞧不起，因为这样那样的困扰，如何能挣到更多的钱，成了我心里最大的疑惑。

而这种疑惑其实从小就开始了。

小时候最盼望过年，只要遇见大人，就立刻想到可能会有压岁钱。遇见亲戚是一定有压岁钱的，遇见父母的同事只要站在那儿假装害羞，叔叔阿姨过来捏捏我的脸蛋，必定也会给压岁钱。但我最喜欢的还是那些穿西装打领带看起来很神气的叔叔，他们西装的内侧兜里总是会放着一叠一叠的红包，随时准备万一遇见我这样的小孩，迎上去说一句"叔叔新年快乐"，他们就会很有免疫力地掏出一个红包来，对他们来说发红包并不是负担，而是任务。

但红包无论领了多少，我妈都会对我说："我们还要把这些红包做人情还给叔叔阿姨，你保管一个星期，然后还给我，每笔压岁钱我都知道有多少哦，别打主意。"或者说："下个学期的学费多少钱，你自己交一下吧。"

读小学的时候,女同学们的零花钱都比较富余。就在我一个星期只有五毛零花钱的时候,我亲眼看见爸爸单位的叔叔给他女儿十块钱零花钱。走在路上,我对小妹妹说:"我们把钱埋在沙坑里,放学的时候,我们看它会不会长出二十块钱,好不好?"小妹妹很单纯地相信了我。我俩把钱埋了,开心地一起上学去。

第一节课下课我就跑出学校,把十块钱挖出来,换成了五毛……

放学的时候,小妹妹看见只有五毛钱,顿时觉得天都塌下来了,但也只能接受这样的事实。而那时我以为自己编造了一个天衣无缝的剧情,特潇洒地请男同学们吃喝玩乐,把十块钱挥霍一空,然后被我爸一顿暴揍。前几年提起这事,我爸还在为我的智商担忧。

初中为了挣钱,我就去邻居家收各种啤酒瓶和废纸,能攒个几毛钱,但实在是抵不住僧多粥少的恶劣形势,院子里有几十个小孩都在收各种啤酒瓶、废纸箱,连地上的破纸片都不放过。回想一下,我们当年住的偌大的院子,之所以年年被评为最整洁小区,就是因为有一大群收垃圾换零花钱的"蝗虫"党吧。

我高三之前成绩都不好,抑或是从内心里放弃了与我妈的抗争,除了在家里洗个碗挣点儿零花钱,"如何能挣钱"的想法已经在我心里荡然无存。

读大学之后，世界开阔了起来。

刚进宿舍第一天，师兄们轮流来敲门，热情地介绍完学校之后，总是会递上来一张供货单，小到牙刷、牙膏、电池、香烟，大到被子、床单、箱子、音响，贴身到牛仔裤、外套、袜子、内衣裤，贴心到学校地图、每科学习笔记、二手词典。到宿舍第一天，还没出门，一个月的生活费就去了一大半——换成了师兄们认为大学生必备的几十件物品。

现在想起来仍觉得很好笑，其他同学都把大铁锁买光了，只剩下一把特别小的袖珍锁，师兄卖给我的时候说："说实话，买锁就要买这样的小锁，你想啊，小偷如果真的要偷，什么锁撬不开。所以锁的作用只有一个，锁君子不锁小人。只是一个象征性的符号而已，求个心理安慰。你买个小的，又便宜又好。"

当然，后来的事实证明师兄就是在放屁，宿舍进了一次小偷，只有我的锁被轻轻地拽开了。

当然这不是故事的重点，重点是从各位师兄身上我真的受到了刺激，原来四处都是商机。

大学时为了挣钱，我主要干了两件事。

其一是去和某化妆品的经销商谈合作，让他们免费或者最低价给我们提供货品，我们申请勤工俭学在学校的操场上卖化妆品。所以现在看见网上那些卖面膜、面霜的，我心里都有一些不屑，哼，都是哥当年玩剩下的。

为了能卖好那些面霜、洁面乳、洗发水，我还专门花了几天时间去参加培训。现在唯一还记得的就是把洗发水倒一些在大拇指和食指上，拉丝给同学们看，信誓旦旦地说："你看，有拉丝，证明我们的纯度和浓度都很高，这才是好东西。"（正在回忆的我此刻满脸黑线……）

另外就是为学校广招自考生，招到一位自考生就能拿到奖励二百块。整整一暑假我顶着毒太阳，扯着一个大大的条幅，坐在老家的公园门口，接受南来北往的家长的咨询，口沫横飞，头晕目眩。孙燕姿《超快感》那张专辑循环播放，现在再听到这些歌，都会立刻回忆起那个狼狈不堪的夏天。

勤工俭学卖化妆品一天大概可以挣三十块。

一整个暑假没闲着，招自考生，费尽心力，招到了六个，分给搭档一半提成，也就挣了六百块。

那时的我，已经开始尝试写文章投稿，但稿费便宜得很，一篇文章才三五十块，只能换来一些成就感，并不能满足自己想变得有钱的欲望。

正是因为大学四年各种摸索都不尽如人意，所以毕业找工作时，我对工资就格外留意。

其实那时工资的多少并不会影响到自己的生活，只是会影响周围人对自己的看法。幸运的是，我进了电视台，大家都觉得电视台工资一定很高，很是羡慕。但事实并非如此。

其他同学毕业后工资都有一千块到两千块，而我一个月的工资平均下来是一千块，就这么拿了快三年。

到今天，有很多同学在找工作的时候总是强调需要更高的工资，不然养不活自己。每每听说这种想法，我心里总会有一些惋惜。

每个人在选择第一份工作时，最重要的是这份工作究竟能给你带来多少经验和机会，以及这些经验和机会能否让你十年之后挣得更多。

毕竟大多数人不是靠第一份工作的工资让自己的生活变得更好，而是靠经验让自己越来越值钱。

因为身体出了一些状况，我犹豫许久，决定考研，换一个环境读书，或许能凭着更高的文凭和曾经的经验找到一份新工作。

不幸的是，考研差了一分。

幸运的是，我在北京找到了一份工作，待遇还不错，本以为两千块一个月就差不多了，公司鉴于我有曾经在电视台工作的经验，给我开了月薪六千块。

有一次，有位阿姨在机场候机时看见我，很热情地走过来，就像老朋友一样说："刘同，你知道吗？你曾经说过一个'打怪兽'的理论，年轻人不要老抱怨为什么只有自己加班，而是要想着自己多加班，多遇到问题，就比别人多一些经验，升级也会比别人更快一些。我儿子就是这么做的。谢谢你。"

那一刻，我觉得挺欣慰的。

不是因为阿姨感谢了我，而是很开心地发现，当年我一个人在最黑暗的看不到尽头的加班时光里劝慰自己的那些话，竟然真的可以帮助到和我一样的年轻人。纵使我们不在一家公司，不是同龄人，不属于同一行业，但因为相同的理念，竟也生出黑暗中相遇的那种默契的温暖。

北京的房价涨得比工资快，媒体行业的发展也比其他行业快。很多新公司为了扩张，开出了双倍工资、三倍工资。同事们抵挡不住诱惑，纷纷跳槽。

说实话，我也很动心，但后来还是没有去。原因只有一个：我没有在现有的岗位上做到极致，我没有做到极致就已经值这个工资了，如果我做到极致，再跳槽出去的话，可能会有更高的工资吧？本着未来能挣更多钱的期许，我岿然不动，依然拿着不那么高的工资，投入地做着一件自己喜欢干、也有可能会干得更好的事。

工作十年的时间里，朋友中，有开公司发了财的，有帮艺人做经纪人抽佣金过得挺不错的，有在专门的皮包广告公司到处介绍业务挣彼此的差价的……各种赚钱方式风生水起。

我也不免被朋友照顾，帮人策划婚礼，开一两个月的会挣个小几千，熬几个通宵帮人代笔写篇年度总结挣个小几百，花一个星期帮人晚会编排一个小品挣个好几百。还有人听说我喜欢写东西，来找我写公司老板的传记，听说我认识很多艺人，让我帮忙介绍艺人低价参加活动，从中挣个差价。

朋友说："你看，做我们这事多好，你一个月累死累活只挣个一万多，我们一天不需要怎么费力就挣回来了。"

我挺羡慕他们的，也想和他们一样。有朋友相劝：他们挣钱靠的是人脉与运气，并不是他们想就能实现的，或者说并不是他们想一直这么挣钱就能挣下去的。

几年下来，现在一看事实确实如此。

早年，无论什么艺人都能够跑商演，现在必须要有真正的代表作才行；早年，各种信息不透明，大家挣的是差价，现在早已公开透明了；早年，市场不规范，现在市场规范起来了。曾经那些过得还不错的朋友，渐渐已经很难再见到了。不是他们选择错了，而是有些挣钱的方法只有那么长的保质期而已。

28岁的时候，看着日益飞涨的物价，看看自己几近月光的工资，我从报刊亭买回来很多很多的时尚杂志，把里面编辑的联系方式一一抄下来，跟他们打电话、投稿。我美滋滋地想，如果每个月我能在这样的杂志上发表一两篇文章，我就能多挣三四千块钱。虽然不多，但也许能让我的生活变得不那么拮据吧。

熬夜写完稿子，暗自有些好笑，大学时写一篇稿子三十块，觉得写作无论如何都养不活自己，现在却想靠投稿改善自己的生活，是不是有点儿走投无路的感觉？

小说每年都在写，但并无预想中的大红大紫，一夜之间洛阳纸贵。一本小说的稿费大概两万块，零头也被出版社自动忽略不计。朋友都说我是个劳模，不计回报，任劳任怨。而我心里明白，如果连写作都放弃的话，对生活的热情可能会消减大半吧。为了利益营营役役，即便有些微回报，心灵也是极度空虚的。

所以，每当有朋友问："写作又浪费时间，又不挣钱，干吗不做点儿别的？"我都会尴尬地笑笑，说："万一呢？哈哈哈。"

29岁的时候，我挣到了人生第一笔巨款——投资商花十五万买断我一本小说的影视剧改编权。我用这笔钱，又贷了一些款，给自己买了一辆车——终于达成30岁前买车的愿望。

30岁的时候，因为《谁的青春不迷茫》这本书的意外畅销，我拿到了人生第二笔巨额稿费，将近一百万。

当然，这些钱只是杯水车薪，无法在北京做任何惊天动地的大事，买不起房子，更不能换来奢华的生活。

我不会投资理财，更无经济头脑。于是一个简单的想法冒了出来，这笔钱，用来给爸妈改善生活吧。

我牛气哄哄地回到家，问爸妈的愿望，我心想：哪怕他们选一套房子，我也咬牙给他们买了。妈妈在我的劝说下，考虑再三，选了一套护肤品。而爸爸死活不肯要任何东西，让我把北京房子的贷款先还清再说。

我不依，非得要为他们花这笔钱，贷款慢慢还也无所谓。

爸爸看拗不过我，就让他朋友开车带我去了一个郊区的高档住宅区，站在一栋别墅前对我说："如果要买，你就送我们一套别墅吧。"

我问了一下房价，要三百万。

那一刻，我觉得自己挺差劲的，努力工作了那么多年，爸爸提出的第一个要求都满足不了。妈妈看我有点儿丧气，赶紧出来打圆场，说爸爸是逗我的，他的意思是别买了，把钱留给自己吧，我的心意他们知道了。

从老家回来之后，稿费一分都没动，放在那儿。

我想：都说天道酬勤，如果一个人真的投入干一件事，老天也一定会给他回报的吧。

后来，随着《谁的青春不迷茫》被越来越多的人知晓，我储蓄卡上的数字也越来越接近老家那套房子报价的首付款。

我打电话过去问那套房子卖出去没，得知还在，又打电话给了很多老家的朋友辗转去找人要折扣，算下来之后，刚刚好。

我瞒着我爸，付了首付，拿到钥匙，又带着爸爸去了一次，在他一如往常鼓励我要好好努力工作的时候，我突然掏出钥匙，交到他手里。

先是扬眉吐气。

继而看见我爸有点儿傻了的表情。

我过去抱了抱他。

"我可以活得很好，你们不用担心，你们能过得更好，我就活得更好。"

转身那一刻的欣喜之情，难以言表。真是比自己考上大学、找到工作、出了第一本书，更有成就感。

给爸妈交了首付房款后，卡里所剩无几。

接下来还有尾款，还有装修，还要买家具……各种开支。

我心里却一点儿都不紧张，有的全是实现爸爸愿望的激动，以及对未来的坦然。

那天晚上，我写了一篇日记。

我越来越深刻地意识到：当你真真正正花很多时间去努力干好一份工作、经营一个爱好时，生活也自然会给予你相应的回报。如果还没有，那就表示努力得还不够，时机未到。

我也翻出了28岁时写的一篇日记。

我不知道未来的生活究竟会如何，看着很多朋友一个一个似乎已经相信命运也只能如此，或者他们的脸上已经流露出不再对未来抱有期待的样子，我却总觉得自己还有机会。机会来的时候，他也会看每个人的脸色吧，我一副开心乐观、从不抱怨的样子，怎么可能不被盯上呢？没准就成了全中国最会写情感专栏的作者呢！

同学问："同哥，你对钱怎么看？"
我想了想自己从小到大的经历，告诉他："以前我觉得自己怎么看钱很重要，现在我觉得钱怎么看你更重要。"

不知道他是否懂了，但我好像更懂了。

后来

我羡慕那种把握得住各种商机的人，也佩服那种能整合各种资源平地起高楼的人，可经过了那么多年，我很清楚自己成不了那样的人，顶多是一个不偷不抢会想尽一切办法让自己的生活变得更好的人。

朋友看完这篇文章笑着对我说："你记得吗？你曾经还和小学同学在老家开过服装店，你每个星期都有几天早上五点起床，去北京动物园批发市场买女式连衣裙。"

哈哈哈哈哈哈。我真的是忘记了。

然后他又提醒我，你初中时在情人节和同学去批发鲜花卖，春节的时候批发新年贺卡，大学在学校倒卖文曲星，这些你还记得吗？

哈哈哈哈哈哈。我居然也忘记了，但一经提醒，又全都想起来了。

想着想着，觉得好笑，又一番感慨。

好笑的是，一个立志成为好传媒人、好作者的自己，竟然为了挣点儿小钱，神农尝百草，什么事都做过，说出来真是没人信。

感慨的是，35岁这年，终于能够靠自己的收入正大光明地拥有想要的生活，让父母住上还不错的房子。而所有的一切，都是因为年轻时不停地折腾，才最终找到适合自己挣钱的途径。

如果当初面皮太薄,也许至今我还沉溺在各种眼红之中。幸好当年不管不顾,敢豁出去,又一路坚持,才有了今天的些微成功。

挣钱有很多种方式,要么点灯熬油,披星戴月,辛苦奔波;要么戴上面具,追名逐利,蝼蚁喋血。我最佩服的还是那些投入去做自己喜欢的事情的人,目光放得长远,不贪图短期获利,痛并快乐着,享受奋斗的过程,天道酬勤,时机到了,上天自然给你相应的回报。

热爱一件事,并坚持去做它,从第一秒开始,它就会慢慢在你看不见的存钱罐里帮你存上一分两分三分……当有一天你对这件事情的热爱以及专业度足够拿得出手的时候,你就可以大大方方地从存钱罐里,取现了。

从开头看到结束

每个人的人生中都有一两个朋友像太阳,想起他们就觉得暖,有希望,是个方向。娘娘于我是这样的人,我写下这篇文章送给她,希望我们都能成为彼此未来人生的太阳,互相取暖,相互照耀。

1

我知道娘娘的时候是大一,认识娘娘的时候是大二,关系好起来是大三,大四算是成了人生当中最好的朋友,至今。

娘娘本名并不叫娘娘。她被周围的人称呼为娘娘的时候,《甄嬛传》还没播出。

这个昵称实在生动又形象,所以在这篇回忆的文章里,她好像从第一天开始就是我所认识的那个"娘娘"。

刚知道娘娘的时候,是在宿舍看到桌上放了一张新的校报。那时的我们最喜欢拿起校报看,看校报又报道了哪个人物,然后一句一句念,一句一句吐槽。娘娘很不幸成为我们宿舍的靶子。
"你看,她的样子像不像妇女主任?"
"哈哈哈,拍这张照片的时候,她肯定戴着一顶假发。"
"长得那么喜庆,应该发一首单曲《神太阳》啊。"

那篇报道的内容我没怎么记住,只是对标题有些许印象——"特困大学生系列报道"。

第一次见到娘娘,是朋友介绍,说有个女孩性格特好,我一定会喜欢。然后我就见到了娘娘,她一身运动装,学生头,不到一米六的个子,远远走过来,带着一点儿小跳跃,看着就让人喜欢。

第一眼我并未把她和特困大学生对上号。因为那时的印象里特困大学生都是嘴角紧抿、不苟言笑、表情坚毅,穿着多少有些单薄。而从娘娘身上完全看不出一丝"特困"的样子。
朋友对我说:"你看过上一期的校报吗?最长的那篇采访

就是她哦。"

娘娘有一秒尴尬,但立刻手一挥说:"别提了,把我写得太惨了,看完我都想给自己捐款了。"

哈哈哈,大家笑了起来。

我仔细观察了一下娘娘,她只是头发浓密,并没有戴假发。笑起来很有亲和力,让人有想接近的冲动,更重要的是她好像没有任何心理负担。

会从心底笑的人,任何标签都无法定义她。

大学时我每月生活费只有五百块,到了月底就青黄不接。我和同宿舍的男同学到了中午下课就跑到食堂门口,遇见关系好的女同学就借几块钱吃盒饭。

每人借一块两块,中午也能凑个十几块吃一顿好的。

有一次我和宿舍兄弟们又在食堂门口化缘,啪,后肩被拍了一下,我扭头一看,娘娘拿着饭盒看着我笑,她问我在干吗。我支支吾吾地说:"那个,中午,没伙食费了,要钱,哦不,借钱和大家吃个饭。"我指了指其他两个同学,他们立刻表现出一副被社会抛弃的样子。

"借你一百块,够不够?"娘娘问。

"啊,够够够。当然够。"那两个人立刻围了上来,跟饿狼一样。

"谢谢你哦。下个月我还你。"

"没事,没钱也不用着急。"娘娘说。

其实我根本没打算还，因为根本还不上，听娘娘这么一说，我立刻就坡下驴说："好的好的，有钱就一定还给你。"言下之意就是，要是没钱就不还了啊。

那天，我们拿着一百块钱去吃了顿火锅。

一边吃火锅，我一边感叹娘娘真好。

宿舍同学问我什么时候攀上这个大款女同学的，我反问他们："你们不认识她吗？"两个人摇着吃得油光满面的头，一脸困惑。我说："你俩还把人家侮辱得够呛呢。"他俩更晕了。我说："她就是那个特困大学生代表啊。"

"啊？！你怎么不早说！你还是人吗？我们拿着特困大学生的钱吃火锅，我们都成什么了？！"

"行了吧你，钱是不分贵贱的。人家愿意帮助咱们，你装什么人民卫士啊。"

"那那那……那你有钱就一定要还给她。"

"行了，我知道了。"

一个月，两个月，三个月，那一百块钱我一直没有还给娘娘，甚至之后再遇见娘娘的时候，她都会主动问："怎么了，又没钱吃饭了啊，还要不要借啊？"

我脸皮也是蛮厚的，她问要不要，我就说要。

前前后后借了五百块。

可后来，我隐隐约约觉得有点儿不对劲，我问朋友："为什么娘娘是特困大学生，可穿着打扮一点儿都不'特困'

呢?而且看起来还挺有钱的样子。"我不敢告诉他娘娘隔三岔五借钱给我,怕被鄙视。

朋友说:"特困大学生每年好像有一两万的补助,她成绩好又拿到了特级奖学金,保送生也有补助。加上她平时还给人当家教,每个月也能挣一些钱,挺厉害的。"

真是不如不问。不问心里没有任何负担,问完之后有想打死自己的冲动。

我立刻把妈妈给我寄的生活费一次性取出来,要还给娘娘。

娘娘在电话里说:"不着急,先放你那儿吧,等有时间,你再给我。"

我身上哪里一次性揣过五百块,多放一分钟都怕丢了、被人偷了。我等在女生宿舍门口,等到娘娘家教结束回宿舍的时候,赶紧冲上去把钱往她手里一塞,这才如释重负地松了口气。

她问:"干吗那么着急还钱?"

我说:"对不起。"

她很纳闷:"为什么对不起?"

我笑笑,走开了。

很多时候说对不起,不是干了对不起这个人的事,而是没有干对得起这个人的事。

因为这种恬不知耻的借钱,我在心里先把娘娘当成了朋友,无论她是怎么认为的。一方面我想赎罪,另一方面我是发自内心地佩服她。

回到宿舍,我在角落里把关于她的报道,又翻了出来,一个字一个字地阅读。读完报道之后,又给朋友打了一个小时电话,才了解到娘娘十九年完整的人生。

娘娘是中专生。

很小的时候爸爸因癌症去世。

妈妈一个人带着她,很辛苦。

为了给妈妈减轻负担,娘娘决定初中毕业之后读中专,这样可以提前参加工作、养家糊口。

转眼三年,中专毕业那年,娘娘因为成绩优秀,顺利进入一所小学当老师,就在一切都开始好转的时候,有一天妈妈突然摔倒在地上,医生通知娘娘,她妈妈被查出得了肌肉萎缩。

肌肉,萎缩。

两个从来没有联系在一起的词,突然面目狰狞地携手出现在了她的面前。对这个只剩下妈妈和女儿的家庭而言,肌肉萎缩就是绝症。

娘娘刚从爸爸离世的阴影中走出来,妈妈又丧失了行动能力,终日躺在床上,因为疼痛而呻吟不止。

娘娘说那时她的生活也很简单，凌晨三四点在病床前帮妈妈捏着胳膊和腿睡着，早上七点赶往学校准备一天的工作，周而复始，已经察觉不到累了，剩下的只是习惯。

过了好多年，我突然问娘娘："那时每天帮妈妈按摩，你累吗？什么感觉？"她想了好久，第一次用有点儿自嘲又有点儿幸福的语气回答我："爸爸还没有去世的时候，一直坐在轮椅上，他很自责不能带我去更远的地方，于是借了亲戚的钱给我买了一架钢琴，让我弹钢琴给他听。我学得很快，初中的时候就是钢琴十级了，后来爸爸走了，我也就很少弹钢琴了。后来妈妈病倒了，我帮妈妈按摩就当是在她身上弹钢琴，那比小时候练钢琴轻松多了……哈哈哈。"

她笑了起来，眼睛里闪着泪光。

十八岁的娘娘，白天上课，晚上照顾妈妈，没日没夜。她不知道人生的出口在哪里，但她不会忘记每天去感谢妈妈的医生，感谢帮自己照顾妈妈的护士。对她而言，生活已经到了谷底，不感恩的话，就真的看不到任何光明了。感恩，也是获取光明的方式啊。

某一天，她就读的中专突然通知她，说有一个可以保送到湖南师范大学中文系的指标，全校一共推荐了五个优秀毕业生，希望她能参加湖南师范大学的面试。

娘娘看了一下其余的四个推荐生，无论是现在的工作还是家庭条件都比自己要好，她觉得自己不可能被选中，但她还是请了一天假，不是为了争取保送的机会，而是从来没有去过长沙，她想看一看省会城市是什么样子。

去之前，她没有把面试大学的事情告诉妈妈。从爸爸去世的那天开始，她的人生中就没有大学两个字，因为大学意味着要花更多的时间、要交更多的学费，对她这种环境中的女孩，这是一个太奢侈的梦。

大学，并不是娘娘的梦想。所有遥不可及的东西，只是幻想。梦想是可以去努力实现的，而幻想不是。

妈妈的病一天比一天严重，入睡的时间一天比一天晚，很多时候妈妈睡着了，天已微微发亮，小憩半小时，娘娘就要出发去单位工作。

她没有想到自己得到了湖南师范大学第二轮面试的通知。母校只有两个人进入了复试名单，其他则是各个师专院校的佼佼者。

娘娘想了想，自己买了火车票又一次来到了湖南师范大学。这一次，她认真地端详了这里，她很想成功，却不敢做梦。她在文学院第二级的破石阶底下埋了一张字条，上面写：我还会再来吗？

只敢反问，不敢许愿。

沅水流，湘水流，流到潭州橘洲头。
愁悠悠，念悠悠，念到醒时方始休。

越是接近光芒，越是提心吊胆。从一开始瞒着妈妈，到通过了第一次面试、第二次面试，第三次被通知去湖南师范大学，是放榜的时间。

看着痛到晕厥的妈妈，娘娘想如果，万一，真的成功了，这一定是给妈妈最好的礼物。

早上迎着晨光上路，到了学院，翻出那张记载着少女心思的字条，居然没那么紧张了。走到学院门口，已经来了好多人，有人捶胸顿足，有人喜极而泣。娘娘一个人，手里紧紧攥着那张反问的字条：我还会再来吗？

然后她哭了。她看到了自己的名字，第二排第三个。

原来，她真的还会来。

回老家的路上，娘娘想了好多种方法，如何跟妈妈说这个好消息。刚到老家车站，她原本打算回家换一身干净衣服再去医院，突然BP机接到了医院的传呼，她很紧张地回了电话。

医生问："你在哪儿？赶紧来医院，你妈妈不行了。"

回忆起这一段，娘娘说当时自己整个人就像灵魂蒸发了一般,连车都来不及坐,一路狂奔,摔了几跤,赶到医院推开病房的门。

妈妈已经走了。

所有人都在等她,她哭着走过去,握住妈妈的手,小声地对妈妈说:"我可以读大学了。"

遗憾的是,妈妈听不到了。

后来她又告诉自己,其实妈妈可以听到的。

因为老人说,人离开的时候见不到最亲近的人,灵魂是不会离开的。

她相信妈妈听到了。

离开医院前,她一一感谢了所有的医生和护士。

读大学前两天,娘娘成了孤儿。

只有一条根,扎进校园,义无反顾,别无选择。

不然,怎么对得起所有的人,以及反转得彻底的命运。

2

娘娘性格超洒脱,从不把钱当回事。和她开玩笑,也随便得很,像个男孩,大大咧咧。我私下和朋友聊起过她,大家都觉得她性格好。

"你说,一个经历过这样人生的人,怎么每天跟个没事人一样？"室友小白聊起娘娘的时候,语气里都是困惑。

接触久了,我大概明白娘娘的心情——以前是真的又痛苦又难熬,但命运不给人时间抱怨。现在时过境迁,一切都在好转,那又何必用今日的春风去祭奠昨日的萧瑟。

"父母离开,你不难过吗？"

"当然会难过,在我一个人的时候。可我一想到,如果我难过,他们能够看到,却又无能为力,岂不是会更难过？所以,我一定要开心起来,对谁都好啊。"娘娘说。

娘娘除了弹得一手好钢琴外,唱歌也好听。我和小白参加校园歌手大赛那会儿,她的名次常与我们并驾齐驱。

"老天真的是公平的,你长成这样,却拥有一副好嗓子。"我和小白从不会放过任何一个吐槽她的机会。

不是不喜欢她,也不是故意让她难堪。弱小敏感者才会把吐槽当成伤害自己的暗箭,强大前行者只会把吐槽当成加速自己成长的武器。

"老天当然是公平的,你俩那么二,所以次次都拿二等奖,以维持世间的平衡。"

"你嘴那么毒,嫁得出去吗？"

"这叫风趣。你们脑子那么蠢,有未来吗？"

哈哈哈哈,每次都是我和小白大笑着离开。而每输给她一次,就像暗地里给她加了一层抵御外力的盔甲,感觉好棒。

娘娘是学校重点培养的学生干部。党员是她,发言是她,起表率作用的也是她,按道理,我们都很讨厌这样的女孩,但因为这个人是娘娘,我们发现原来这个世界上真的有那种能把各种问题都处理得很好的人。

"喂,你这样下去,未来肯定要留校当老师,要么就进妇联当干部。"
"多好啊,你们还不知道自己未来在哪儿吧。"
"……"
"我们是在善意地夸你好不好?!"
"我也是在善意地提醒你们,好不好?!"
沉默。沉默。
她在想她的未来,我们在想我们的未来。
突然娘娘打破了僵局:"刘同,你以后能不能不要总把耳机塞在耳朵里,不知道的人觉得那是个助听器,知道的人觉得你这个人很不懂礼貌,吃饭也听,睡觉也听,走路也听,聊天时也听。

"还有,你能不能不要每次都穿一些花花绿绿的衣服,远远看到,总觉得走过来一个调色盘,眼睛都要被你晃瞎了。真不好意思说和你是朋友,别人都觉得我的审美有问题。"
当时被她这么一说,我有点儿蒙。

仔细想了想，好像确实如此。但每个人不都要经历过一段弯路，才知道什么是正途吗？比如十几年后的今天，我基本上只穿黑白灰三种颜色了啊。

而那时，大概过了大半个月之后，我才明白为什么娘娘突然要纠正我的生活习惯。

那时快要进入大三，学院要竞选学生会主席，我被班级提名了。班级代表的小组讨论会上，说到我的名字，很多人说我不团结同学，总是一个人戴耳机听歌；说我穿着打扮太张扬，一点儿都不沉稳低调。然后娘娘站出来帮我说话："他一直戴耳机是因为热爱音乐，他穿着鲜艳，代表他很有热情。一个有热情的同学，我们怎么能说他不团结同学，说他太张扬呢？"

那时的大学生开讨论会，基本上只要有人提出疑问，就没有人反对；只要有人提出反对，就没有人再辩驳。

虽然后来我并没有成为院系学生会主席，但一想到这件事——娘娘在大家面前帮我出头，心里还是暖暖的。我问她："你明知道我不会竞选成功，为何还要帮我反驳？"她说："你本来就不是那样的人，为什么要因为不了解的人轻易下的结论而被人误解？"

"谢谢你啊。"我有点儿不好意思。

"你要说谢谢，那该谢我的事情太多了。"

……我给娘娘跪了。

3

大学的生活很自在，想逃课就逃课，想通宵唱 K 就通宵唱 K，我们的生活一直如此。自从娘娘和我们成为好朋友之后，她也加入到我们大部分的计划里。此时我就要收回一句话，"原来这个世界上真的有那种能把各种问题都处理得很好的人"，事实证明，没有人能够不付出努力就保持平衡。

最直接的恶果就是，在大三的英语四级考试中，娘娘和我们一样，都没有合格。四级没通过，导致娘娘的奖学金被取消，导致她的所有学生会职务要暂停，大三若是停一年培养计划，大四要争取留校或其他的保送机会都几乎无望了。

我和小白都很自责，认为是自己连累了娘娘。娘娘仍跟没事人一样，只是开始回归到认真的学习里。如果不是因为我们的影响，也许娘娘依然是好学生，依然在她早已规划好的道路上飞奔前行。

晃眼到了大四。我在一家电器集团的广东总部找到了营销管理的工作，小白参加了军官招聘，娘娘投了多份简历，也找到了一份在省级实验小学当老师的工作。

那年年底，我们三个人坐在一起，说说关于未来的心里话。

喝了点儿啤酒，我对一直故作轻松的娘娘说："你好不容易读了大学，但还是找了一份小学老师的工作，这个工作并不是不好，可我觉得你心里一定有不甘。你不要总表现出一副无所谓的样子，不甘就是不甘。我知道是我们影响了你，你不用总装得和我们没关系。我知道你很强，但我也知道你能更好。而现在，不好就是不好。你越是轻松，我心里越是难过。"

一番话说完，三个人都陷入了沉默。

没有人说话，娘娘强忍着，带着哭腔说："其实我也不知道该怎么办。"

有些人不知道怎么办会不停抱怨。

有些人不知道怎么办会一直坚强，等待曙光。

第二天，娘娘来找我，兴奋中又有些试探。她说："昨晚回去我想了很久，觉得你说的是对的，我应该多给自己一些机会去尝试。我听说电视台初七要进行一次面向社会的大招聘，我想报名，但是我不知道电视台招聘需要什么样的人。你不是在台里实习过两年吗？你能不能帮我问问？"

当然没问题。

几个电话打过去，曾经的老师以为是我要面试，都帮我打听，然后纷纷跟我说加油。

我把这些加油一一转送给了娘娘。

我也告诉娘娘笔试有可能会考什么,面试有可能会问什么,然后找了一个下午假装面试官模考,一个一个问题把娘娘弄得很头疼。

娘娘突然说:"你初七要干吗?"

我摇摇头,说:"没什么事。"

娘娘兴奋地抓住我:"要不,你陪我一起去考吧。你在的话,我会比较有安全感。反正你已经找到工作了,你先面试的话,还能跟我分享一下你的经验,好不好?"

我都把她害得那么惨了,哪还有理由拒绝。

面试不难,几个面试官问问每个人的性格、对电视节目的看法。稍微性格活泼、有点儿主见的应聘者都能进入下一轮。虽然娘娘很紧张,但以她每每都能把我和小白的祖坟说得冒紫烟的口才,很容易就进入了下一轮。

第二轮是笔试。每个人十五页纸,十几道问题。由于我没有任何心理负担,所有问题都是怎么好玩怎么答,别人的试卷才写到一半,我就把满满的十五页答卷交给了考官。

然后一个人百无聊赖地在会议室门口等娘娘出来。

"超级女声"的创始人夏青老师是当时主管招聘的领导,她看见我早早交了卷,摸不清我是胡乱应付,还是得心应手,就走进会议室拿起我的试卷仔细阅读。

从我站的角度,能看到夏青老师的表情。

我看见她一直笑个不停，翻了好几页之后，佯装镇定地走了出来，问我："你怎么还不走？"

夏青老师笑眯眯的，我看着她，突然冒出了一个很大胆的念头。我知道娘娘走到今天，完全是因为被我拖下了水，但凡有一点点可能性，我都想用尽一切的努力去交换她回到正轨的人生。

我说："我在等我女朋友。"

夏青老师一愣，说："女朋友？"

"其实是未婚妻，我们打算毕业找一份在一起的工作，然后结婚。本来我已经在广东找到了一份工作，但她说想考电视台，我就陪她来了。"

天知道，我怎么能那么淡定地说出如此离谱的谎言。当时我在心里做了一个赌注——我感觉夏青老师喜欢我的试卷，也许我能留在台里。如果能够让她对娘娘也留下印象，也许……我甚至都来不及想清楚结果，就硬着头皮规划了自己未来的人生。

"她叫什么名字？"夏青老师问。

我的心怦怦直跳，我从未如此紧张。我说了娘娘的本名，甚至说了她坐在哪里。

夏青老师进了考场，走到娘娘旁边，看娘娘答题答了几分钟，然后走出来对我说："我知道了。"

那一句"我知道了"，让我又兴奋又激动，等到娘娘考完试出来,我仍处于那种状态中,但我什么都不能说,万一没成呢?!

公榜那一天,我看了到了自己的名字,也看到了娘娘的名字。

事情过去了好几年,我当时的领导小曦哥也来了北京,他问我和娘娘:"我怎么听说你俩是男女朋友,说好的找到工作就要结婚,怎么后来分手还成了好朋友?当时娘娘的成绩不够好,是夏青老师专门把她挑出来放进名单的。"

娘娘看着我,满脸疑惑。

我只好吞吞吐吐地把原委说了一遍,她怒目圆睁,一手叉腰一手指着我说:"好啊,难怪我进台里之后,从来没有人追过我,原来都是你这个灾星到处堵我的桃花运。"

"哈哈哈,对不起。幸好小曦哥问了起来,不然你一辈子都嫁不出去了。"

晚上下班,公交车上,我和她的话格外少,快到站的时候,娘娘说:"真有你的,什么话都敢说。"

"是啊,怎么什么都敢说?"

其实那时再讨论这件事的原委,已经不重要了。

娘娘自从进入电视台之后,特别努力地工作,我已经累得像条狗了,她一个女孩每天下班比我还晚,上班比我还早,没事就跟我讨论怎样把一档幼儿真人秀的节目做好。两年不到，她主要参与制作的少儿综艺节目就获得了当年的金鹰奖。

问她那么拼干吗，她说："虽然当时我不知道为什么台里会把我留下来，但是既然有了这个机会，我就要做好，不仅是要把握住自己的命运，更是要对所有相信我的人负责。"

而那时的我，制作样片屡试屡败，又进了一档娱乐新闻节目，累到头发眉毛一起掉，选择辞职考研，考研又未果，人生似乎也进入了迷茫期，不知道未来在哪里。我很羡慕娘娘，找到了一份自己很想珍惜的工作，在工作中发现了自己的价值，获得了行业内最高荣誉的奖励。而我，还在为工资如何能超过两千块而焦虑。

4

后来，我去了一趟北京，通过以前的老同学找到了工作。回湖南只有一周的时间，约所有人一一告别。跟娘娘说完我的北漂计划，她的眼泪一下子涌出来了，她说："小白已经不在湖南了，如果你也走了，那我什么都没了。"

这是我第一次看她哭，眼泪像断线的珠子。

我一时乱了阵脚。

我以为她会不受影响，顶多有一个惨兮兮的告别。我以为自己对她并没有那么重要,也许过了几年,我们各自都会有自己的新生活。我甚至以为,她那天只是说说而已,只是为了心里舒服。

没有想到的是,我刚到北京的第三天,就接到她的电话。

"我想好了,我要跟你一起去北京,那边不是还有一些老同学吗?我们一起北漂吧。"

我很诧异:"可是你那边的工作呢?"

她说:"我会好好跟领导沟通的,我生命里已经没什么人了,所以我想跟你们一起。"

我在电话这头嘿嘿笑了起来。

谁说年纪越大越难做决定。如果一个人对自己很重要的话,那个人就是你的决定,不是吗?

娘娘在我入职一周后,也加入了光线传媒。

我在节目组,她在活动部。

我们并非相依取暖,而是希望通过自己的努力,能与对方交相辉映。

一年,三年,五年,十年。

她带着团队完成了音乐风云榜颁奖盛典、国剧盛典等近百个大型颁奖晚会。

因为她带领的团队成员全都是女孩,她们在公司的年会上获得最佳团队奖的时候抱头哭成一团。她们给自己取名"女子天团",所有的女导演上台第一个要感谢的就是她们的头儿,她们叫她"娘娘"。

她们说娘娘从来不服输,娘娘从来不喊累,娘娘永远第一时间帮大家解决问题,娘娘总是站在大家身后为大家鼓劲,娘娘不仅像个大家长,娘娘更像是团队的灵魂。

娘娘站在台上,和我十几年前遇见的小女孩模样差不多。笑笑的,感觉什么事情都不能把她压垮。对她来说,生命就是一本可爱的书,不管情节多么挫败黑暗,既然已经打开,她就要耐心地,不带丝毫忧愁地,从开头看到结束……

现在娘娘是光线活动公司的总裁。

我们仍然是最要好的朋友。

后来

娘娘一直珍惜每一个机会,也在用自己的投入去报答每一个相信她的人。

我们要感谢很多人,谢谢我们大学的辅导员梁勇老师,一直相信我和娘娘真的会好。谢谢夏青老师给我们机会,让我们能进入这一行。谢谢小曦哥总是讽刺我们,让我们茁壮成长,嘴越来越毒。谢谢当年娘娘节目组的唐大制片人,因为你的允许和理解,她才能在北京安心工作……

我曾经在大学里说过娘娘的故事,有同学问:"那娘娘就一直因为你而嫁不出去吗?"

早些年,她在北京遇见了自己的另一半,结了婚、买了房,生活很幸福。

某天她给我发来一张自己大肚子的照片,说:"还有十几天就要生了,到时候舅舅要封一个大红包哈。"

当然。

不仅因为我是舅舅,还因为大二的我在食堂门口到处借钱吃午饭时,还是特困大学生的娘娘毫不吝啬地借了五百块给我。

喂,那时借钱给我的你,有想到今天的你会那么幸福,而我早已经不用借钱过日子了吗?

后来的后来

再看一遍全文,想着我和娘娘认识的这些年,她好像从来没有为任何事发过愁,也从来没有抱怨过任何事,一直都是傻乐观傻乐观的。而我,好像也受到了她的影响。再难的事一个女孩都扛过来了,我又有什么资格去抱怨。

因为不满意而抱怨,也许是因为没有遇见过更难的事。

抱怨并不会让人更满意,但乐观却可以。

北漂头一年,2004年,我和她挤在小小的出租屋里,窗外下着大雪。娘娘问我:"如果我们在北京混不下去怎么办?"我说:"不会的,咱们又不傻又不懒,啥苦都吃得下。"

时间一晃就过了二十一年，我想告诉2004年的娘娘：

你在北京过得不错，我也是。更重要的是，你在2025年4月29日这一天，获得了北京市劳动模范的称号。你在你的轨道上就从来没有跑偏过，从"省级特困大学生"到"首都劳动模范"，这下你再也不会说"我也不知道该怎么办了"吧。

我们为什么要读大学
——在绵阳中学*的演讲

这是一篇在绵阳中学的演讲,"成绩好"与"为什么要读大学"是两个概念。绵阳中学无疑是很棒的学校,但我仍然选取了这样一个主题,因为我相信——只有一个人知道自己的努力不是为了他人,而是为了未来的自己,很多事情才能心甘情愿去做,再苦再累也是理所当然。这是高三时的我的心声,希望能给同学们带来一点点帮助。

---

* 四川省绵阳中学为省属重点中学,近5年有230余人被清华北大录取,稳居全国前列。

绵阳中学的同学们:

你们好。

我现在很紧张,印象里,我人生大概有两次极致的紧张。第一次是我高考的时候,因为我不知道我能否考上大学。第二次是我几年前去清华和北大演讲时,那是我根本不可能考上的两个学校,面对那些成绩优异的学霸,我很忐忑。

但后来我想通了。我读高中的时候成绩落后,输了同学一大步。但是进入社会之后,我很努力地工作,慢慢追上了一些人。走到今天,我可以大声地说一句,看,我并没有输。对我来说,人生不仅仅只有高考才是最重要的关口,其实人生一段一段全都是关口。每个关口都要努力,都能努力,都有机会去努力。

今天想和大家说的题目是:"我们为什么要读大学?"在写这篇文章的时候,免不了回忆过去,那是我不愿意回首的日子,因为它对我来说太黑暗了。

三年前《人民日报》发了一篇新闻,说是一个父亲不想让自己的女儿读大学,因为他认为读大学要四年时间,一共要花掉八万学费。毕业后找的工作可能月薪也就两三千,他认为太不划算。那个父亲说我让我女儿高考之后直接去打工就好了,四年怎么着都可以赚个十几万吧。然后这十几万还可以创业、买房子、做投资，多好。

新闻一出来，一片哗然，大家开始疯狂讨论。

如果那时我还在读高中，我肯定会特别兴奋地拿着这张报纸给我爸妈看。我会说：你们别逼我考大学了，就让我早一点儿工作吧，提前给你们赚钱养老，早日实现我的价值，多好啊。

那时的我固执地认为，成绩好就是为了让老师开心，让爸妈有面子，让七大姑八大姨羡慕，竖起大拇指说：瞧人家孩子多棒。但是这些，跟我有什么关系呢？

我特别羡慕那些天生就会学习的同学，小学前十名、初中前十名、高中前十名。他们应付考试不费吹灰之力，人家是一做就全对，我是一看都不会。我绞尽脑汁也做不出来的题目，他们微微一笑就知道答案了，完全用智商碾压了我。久而久之，我认定了一件事，学习好、成绩好，对我来说就是不可能实现的白日梦，而我的存在就是个笑话，就是为了做尖子生的陪衬。我认为自己完全不具备学习能力，那我为什么要强迫自己去考大学，让自己输个彻彻底底呢？

高三那年，我有同学要去长沙的湖南师范大学考中国传媒大学的播音系，就问我："刘同你要不要去考？"说实话我哪学过什么普通话啊？我普通话真的超烂的。但是我想反正高三了，我也不想考大学，闲着也是闲着，如果我跟着去考了，万一传媒大学的招生老师又聋又盲呢？万一把我录取不是天上掉馅饼的好事吗？

事实证明中国传媒大学的招生老师不聋也不盲，事实证明天上永远不会掉馅饼。我初试就被淘汰了，而我的那些同学都进了复试。

既然如此，我就干脆死了心，来都来了，那就在校园里随便转转呗。于是，在同学去参加复试的时候，我就绕着整个大学城（由湖南大学、中南大学和湖南师范大学组成），一点一点地逛。我看到那些风华正茂、意气风发的大学生，结伴成群，一起弹吉他，一起唱歌，一起表演话剧，一起喝酒，一起看电影，在英语角用英语随意聊天，在我眼里，大学就好像幸福自在的天堂一样。

在大学里，一个人可以参加很多社团，交很多朋友，拥有无限多的选择，最大限度的自由。那几天，我看得目瞪口呆。这和我在中学里单调压抑的校园生活完全不一样。甚至我还发现男生女生亲密地走在一起，别人也不会用异样的眼神看他们。我完全不能理解这是一个什么环境，难道大学都是这样的吗？

回去之后，我就一直在想这个事情。我的家乡在湖南郴州，那是一个小得不起眼的城市，生活了十几年，周围的同学和熟人都是一样的，亲戚朋友也是一样的。同样的面孔，同样的思维，同样的习惯，同样的言谈。生活圈子极其狭窄，我稍微有点事，立刻传得尽人皆知。人人都知道我的短板，所有人看见我必说的一句话就是："刘同你根本考不上大学，你真的不是读书的料。"所有人都在唱衰我，看不起我，所有人都认定，刘同这孩子，就这样了，这辈子都没什么出息。

时间久了，我产生了破罐破摔的心理，我抵触所有人，抗拒所有人。我不是不想考大学，我只是太讨厌那些在我耳边叨叨着让我一定要好好学习的人，他们好像是情感的绑架者和践踏者，以所谓"用心良苦"，打着"为你好"的旗号，不断打压我，踩扁我，让我深信不疑地认为自己就是差差差，一无是处。

从师大回去之后，我突然开窍了，眼前似乎打开了一扇门，通往一条从未见过的道路。我不再消极对抗，不再懈怠沉沦，我开始强烈地想尝试一种新的生活，我想认识更多有趣的人，而不是十几年来随时随地都会讽刺我的那些熟面孔。我也想去参加那些社团，接触全新的世界，全新的人群。我想摆脱父母的安排，不再由别人告诉我该如何去做。

那一刻，我幡然醒悟，仿佛被打通了任督二脉，整个人都亮堂了。我必须要靠自己的努力，走出去，看看外面的世界。如果我不考大学，留在这个小城，找份看得到尽头的工作，那我这辈子就真的全完了，只剩死路一条。

那一刻，我突然明白了自己之前有多蠢。我花了那么多时间在跟成绩好的同学较劲,在跟那些逼我学习、讽刺我落后的人对抗。从前我学习的目的似乎只是要争前三名,而我无论如何也争不到。我人生的全部挫败都来源于此,我所有的精力、思想,也都集中耗费于此。

我一直以为读书是为了父母,为了老师,为了在同学面前扬眉吐气,为了在亲戚朋友眼里有面子。但从湖南师大回来后,我完全转变了,我清楚地意识到,考上大学,不为任何人,只是为了自己。为自己能够展翅高飞,离开一成不变的环境,飞到更高更远的地方,去认识更多更好更有趣更优秀的人。

我太晚才明白这个道理。但是,世上从来没有太迟的事。

从那天开始我拼命学习,天不亮就起床,把高一、高二落下的功课全部从头看一遍,任何一个小问题都不放过,直到弄明白为止。每天只睡几个小时,一直学习到凌晨两三点。本来已经对我不抱任何希望的爸妈看到我这个样子,都以为我从长沙回来之后受了刺激,疯掉了。

他们当然不知道我心里是怎么想的。那时我心心念念的就是我一定要逃离他们,一定要远走高飞,我多考一分就能离他们远一点儿,我多考十分就能离他们再远一点儿,如果有本事的话,我真恨不得自己考到国外去,永远都不回来。

去考中传播音系之前，我的成绩是班里倒数十名。最后高考的成绩出来，我让所有人大跌眼镜，比一模成绩高出一百多分，超水平发挥，考上了湖南师范大学的中文系。

进入大学之后，我每天都练习写作，也开始认识更多的朋友，他们性格迥异，新鲜风趣，我跟他们分享读书的感受，尽情讨论对各种事物的看法。我整个人的状态一下子就变了，从高中时的颓废、自卑、压抑，变得阳光、乐观、热情。

我要感谢自己在高中最后几个月的努力。如果当时选择了放弃，我不可能遇到这么多优秀的同学，又通过与他们的相识改变了自己。读大学很重要的意义就是，遇见跟你一样努力的人，你们一起发光。

转发《人民日报》那条新闻时，我写了一段话：读大学的价值也许在于能认识未来几十年最重要的朋友，能分辨哪些人自己一辈子都不会交往，能集中解决很多困惑，从而形成自己的原则，开始学会拒绝。读大学的价值在于你明白了世界上有很多优秀的人，你开始有了靠近他们的动力，读书不是为了拿文凭或者是发财，而是为了成为一个有温度、懂情趣、会思考的人。你现在努力，未来就会遇见那些和你一样努力的人，你现在不努力，你未来遇见的人大概也是和你一样的状态和处境。

所以回到我们开始的话题，高考重要吗？当然重要，而且极其重要。

人生的道路上，未来还有很多坎儿，肯定比高考还要难跨过去。再也没有什么竞争像高考那么纯粹，那么公平：人人面对同样的评估标准，单纯通过勤奋刻苦，就能获得优异的成绩。步入社会后，你会发现，很多事，即便努力了也是无效，因为出身、地位、背景的差异，因为社会的各种潜规则，我们不再拥有公平竞争的机会。从此也再不会像高考这样，有一群同龄人和你一起战斗，有老师带着你们奋力向前，有家长在背后做你们的强大支援。

高考的可贵，就在于它的纯粹，所以一定要把握最后的时机，在最纯粹的竞争中，漂亮地尽力地拼搏一次。

绵阳中学的同学们，我很羡慕你们在这么好的学校读书，你们能考进这所重点高中，一只脚已经跨进了大学的校门。你们所要努力的方向，是选择更好，追求卓越。如果我一早知道读书不是为了家长，也不是为了老师，而是为了改变自己的命运，让自己变得更优秀，也许就不会觉得读书是个苦差事，希望你们也不辛苦，痛并快乐着。谢谢。

© 中南博集天卷文化传媒有限公司。本书版权受法律保护。未经权利人许可，任何人不得以任何方式使用本书包括正文、插图、封面、版式等任何部分内容，违者将受到法律制裁。

图书在版编目（CIP）数据

向着光亮那方 / 刘同著 . -- 长沙：湖南文艺出版社 , 2025.8. -- ISBN 978-7-5726-2542-8

Ⅰ . B821-49

中国国家版本馆 CIP 数据核字第 20256UZ909 号

上架建议：畅销·文学

XIANGZHE GUANGLIANG NAFANG
向着光亮那方

著　　者：	刘　同
出 版 人：	陈新文
责任编辑：	欧阳臻莹
监　　制：	张微微
特约监制：	北　宜　郑苏欣
策划编辑：	王云婷
特约编辑：	张晓虹
营销支持：	罗　洋　王　睿　张翠超
装帧设计：	梁秋晨
封面摄影：	山越记
出　　版：	湖南文艺出版社
	（长沙市雨花区东二环一段 508 号　邮编：410014）
网　　址：	www.hnwy.net
印　　刷：	北京中科印刷有限公司
经　　销：	新华书店
开　　本：	815 mm × 1120 mm　1/32
字　　数：	205 千字
印　　张：	10.25
版　　次：	2025 年 8 月第 1 版
印　　次：	2025 年 8 月第 1 次印刷
书　　号：	ISBN 978-7-5726-2542-8
定　　价：	52.00 元

若有质量问题，请致电质量监督电话：010-59096394
团购电话：010-59320018